工程机械液压系统分析与故障排除

主　编　严成文
副主编　秦　冰　龚明华
主　审　杜晓红

合肥工业大学出版社

图书在版编目(CIP)数据

工程机械液压系统分析与故障排除/严成文主编 .—合肥:合肥工业大学出版社,
2020.4

ISBN 978 - 7 - 5650 - 4874 - 6

Ⅰ.①工… Ⅱ.①严… Ⅲ.①工程机械—液压系统—系统分析—中等专业学校—
教材②工程机械—液压系统—故障修复—中等专业学校—教材 Ⅳ.①TU607

中国版本图书馆 CIP 数据核字(2020)第 058107 号

工程机械液压系统分析与故障排除

严成文 主编　　　　　　　　责任编辑 权 怡 毛 羽

出　版	合肥工业大学出版社	版　次	2020 年 4 月第 1 版
地　址	合肥市屯溪路 193 号	印　次	2020 年 7 月第 1 次印刷
邮　编	230009	开　本	787 毫米×1092 毫米　1/16
电　话	编校中心:0551 - 62903004	印　张	6.5　彩插　1 印张
	市场营销部:0551 - 62903198	字　数	167 千字
网　址	www.hfutpress.com.cn	印　刷	安徽昶颉包装印务有限责任公司
E-mail	hfutpress@163.com	发　行	全国新华书店

ISBN 978 - 7 - 5650 - 4874 - 6　　　　　　　　定价:28.00 元

前　言

　　改革开放四十多年,我国经济取得了长足的发展,这得益于交通工程建设的快速发展,同时也促进了交通工程建设的快速发展。随着我国交通工程建设步伐的进一步加快,工程机械在交通工程建设中的作用也越来越重要。我国工程机械行业呈现出前所未有的繁荣局面,国内工程机械产销量呈现出井喷式状态。工程机械数量的急剧增加以及其在工程建设中的支柱性作用推动了工程机械维修服务行业的高速发展,对维修服务工程技术人员的需求也日益增加。

　　目前工程机械种类繁多、品牌众多,但是任何品牌、种类的工程机械的主要的传动形式都是液压传动。液压传动技术在我国相对来说还是较为新型的技术。为了减轻读者的学习负担,编者结合自己长期从事工程机械液压系统故障排除及实践教学的经验,对传统教材中液压系统图的分析方式进行了改进和调整。本书中液压系统工作原理分析采用的黑白加深图线、彩色图线方式直观易懂,适合中职类技工院校学生使用,也可作为工程机械维修服务从业者的参考用书。本书为校本教材,对学生学习相关知识的促进作用十分显著。编者希望更多读者能够通过本书的学习,对其工作有所帮助。本书虽就三种常见工程机械(装载机、压路机、挖掘机)液压系统进行分析说明,但是编者相信,读者在此基础上能够自行完成其他类型工程机械液压系统的分析任务。

　　本书由严成文任主编,秦冰、龚明华任副主编,杜晓红任主审。

　　本书的编写和出版得益于秦冰、龚明华先生的大力协助,同时,杜晓红女士在百忙之中对本书稿进行了认真地审阅,在此予以诚挚的感谢。

　　本书中的部分素材来自于网络,在此一并表示感谢。

　　由于编者知识、经验与能力有限,书中难免存在错漏、不足之处,恳请广大读者批评指正。

编　者

前 言

目　　录

目 录

第一章　液压系统构成概述

第一节　液压元件

一、液压系统概念

液压系统是以液体作为工作介质进行能量传递的系统,它可以在动力源与工作机构之间传递运动和能量,并且在能量传递过程中还有两次能量转换过程。

二、液压系统构成

1.动力元件

动力元件是将机械能转换成液体压力能的装置,其作用是向液压系统提供压力油。它是液压系统的动力源,动力元件只有一种——液压泵。

(1)液压泵的结构分类(包括齿轮泵、叶片泵、柱塞泵、螺杆泵等,如图 1-1 所示)

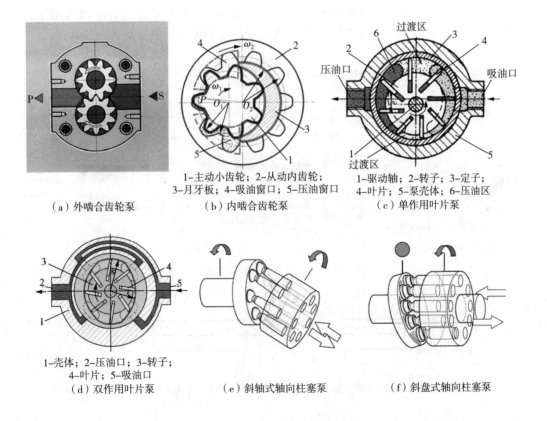

1-主动小齿轮;2-从动内齿轮;
3-月牙板;4-吸油窗口;5-压油窗口

1-驱动轴;2-转子;3-定子;
4-叶片;5-泵壳体;6-压油区

(a)外啮合齿轮泵　　　　(b)内啮合齿轮泵　　　　(c)单作用叶片泵

1-壳体;2-压油口;3-转子;
4-叶片;5-吸油口
(d)双作用叶片泵　　　　(e)斜轴式轴向柱塞泵　　　　(f)斜盘式轴向柱塞泵

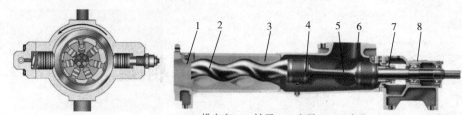

1-排出室；2-转子；3-定子；4-万向节；
5-中间轴；6-吸入室；7-轴密封；8-轴承座

（g）径向柱塞泵　　　　　　　　　　　　　　（h）螺杆泵

图1-1　液压泵的结构分类

（2）液压泵的职能符号（如图1-2所示）

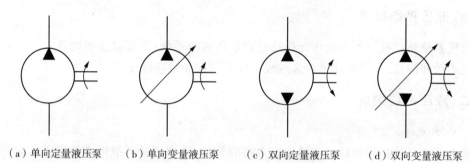

（a）单向定量液压泵　　（b）单向变量液压泵　　（c）双向定量液压泵　　（d）双向变量液压泵

图1-2　液压泵的职能符号

2. 执行元件

执行元件是将液体的压力能转换成机械能的装置，其作用是在压力油的作用下输出"力"和"速度"或者是输出"转矩"和"转速"，执行元件有两种——液压缸和液压马达。

（1）液压缸

1）液压缸的结构分类（如图1-3所示）

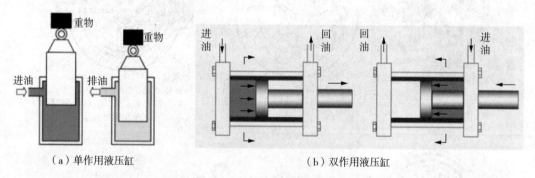

（a）单作用液压缸　　　　　　　　　　　　（b）双作用液压缸

图1-3　液压缸的结构分类

2）液压缸的职能符号（如图1-4所示）

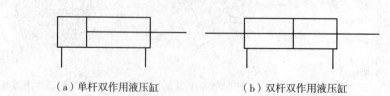

（a）单杆双作用液压缸　　　　　　　　（b）双杆双作用液压缸

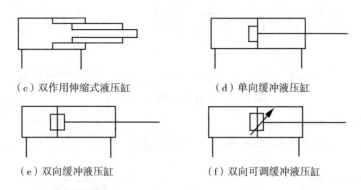

（c）双作用伸缩式液压缸　　　　　（d）单向缓冲液压缸

（e）双向缓冲液压缸　　　　　（f）双向可调缓冲液压缸

图1-4　液压缸的职能符号

（2）液压马达

1）液压马达的结构分类同液压泵分类参照图1-1液压泵的结构分类。

2）液压马达的职能符号（如图1-5所示）

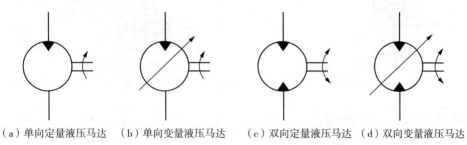

（a）单向定量液压马达　（b）单向变量液压马达　（c）双向定量液压马达　（d）双向变量液压马达

图1-5　液压马达的职能符号

3. 控制元件

控制元件是用来控制液压系统中油液的压力高低、流量大小和流动方向的装置,以保证执行元件完成预期的工作运动,控制元件有三种——方向控制阀、压力控制阀和流量控制阀。

（1）方向控制阀

1）方向控制阀结构（如图1-6所示）

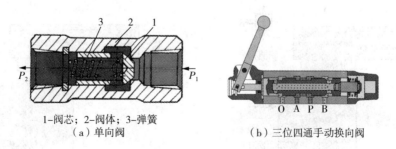

1-阀芯；2-阀体；3-弹簧
（a）单向阀

（b）三位四通手动换向阀

图1-6　方向控制阀结构

2）方向控制阀的职能符号（如图1-7所示）

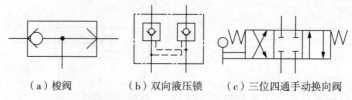

（a）梭阀　　　　（b）双向液压锁　　　（c）三位四通手动换向阀

图 1-7　方向控制阀的职能符号

（2）压力控制阀

1）压力控制阀结构及工作原理（如图 1-8 所示）

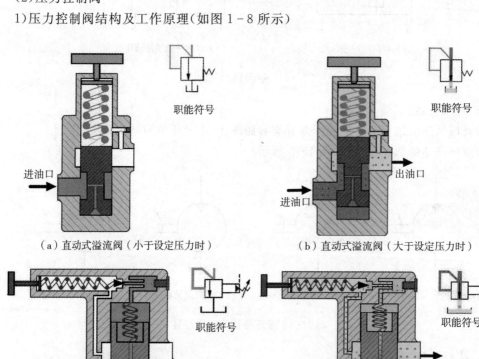

（a）直动式溢流阀（小于设定压力时）　　　　　　（b）直动式溢流阀（大于设定压力时）

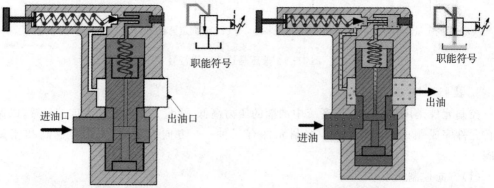

（c）先导式溢流阀（小于设定压力时）　　　　　　（d）先导式溢流阀（大于设定压力时）

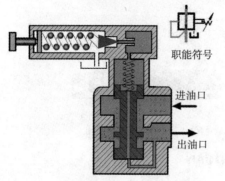

（e）先导式减压阀（小于设定压力时）

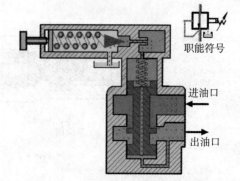

（f）先导式减压阀（大于设定压力时）

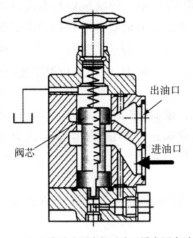

（g）直动式顺序阀（小于设定压力时）

图 1-8　压力控制阀结构及工作原理

2）压力控制阀的职能符号（如图 1-9 所示）

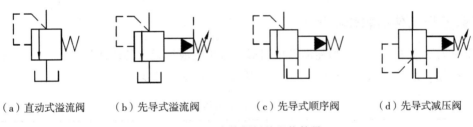

（a）直动式溢流阀　　　（b）先导式溢流阀　　　　（c）先导式顺序阀　　　（d）先导式减压阀

图 1-9　压力控制阀的职能符号

（3）流量控制阀结构及工作原理（如图 1-10 所示）

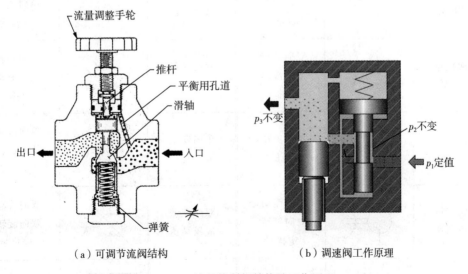

（a）可调节流阀结构　　　　　　　　（b）调速阀工作原理

图 1-10　流量控制阀结构及工作原理

1)普通节流阀:节流口面积不变,通过的流量 Q 与节流口两端压差成正比。

2)调速阀:调速性能稳定,通过的流量 Q 基本保持稳定不变:

① p_3 减小→X 减小→p_2 减小→p_2 与 p_3 之间压差不变→Q 不变;

② p_3 增大→X 增大→p_2 增大→p_2 与 p_3 之间压差不变→Q 不变。

4. 辅助元件

辅助元件是用以散热、储油、输油、连接、过滤、测量压力、测量流量的装置,是用来保证系统正常工作所不可缺少的组成部分。液压系统中除了动力元件、执行元件以及控制元件以外的所有装置统称为辅助元件。

5. 工作介质

工作介质是在液压系统中用来传递运动和能量的液体。液压系统的工作介质是液压油。

三、液压系统工作原理

动力元件将原动机的机械能转换成液体压力能,传输至执行元件;执行元件再将压力能转换成机械能用以驱动工作机构运动。

四、液压元件的职能符号

用来表示液压元件基本功能的简单图形符号称为液压元件的职能符号。常用液压元件的职能符号参见表 1-1,更多的液压元件职能符号请查阅附表。

表 1-1 常用液压元件职能符号

名　称	符　号	说　明	名　称	符　号	说　明
单向定量液压泵		单向旋转,单向流动,定排量	单向变量液压泵		单向旋转,单向流动,变排量
双向定量液压泵		双向旋转,双向流动,定排量	双向变量液压泵		双向旋转,双向流动,变排量
单向定量液压马达		单向流动,单向旋转	单向变量液压马达		单向流动,单向旋转,变排量
双向定量液压马达		双向流动,双向旋转,定排量	双向变量液压马达		双向流动,双向旋转,变排量
单活塞杆单作用缸		简化符号	柱塞缸		—

（续表）

名　称	符　号	说　明	名　称	符　号	说　明
弹簧复位单活塞杆单作用缸		简化符号	单作用伸缩缸		—
单活塞杆双作用缸		简化符号	双活塞杆双作用缸		简化符号
不可调单向缓冲缸		简化符号	可调单向缓冲缸		简化符号
不可调双向缓冲缸		简化符号	可调双向缓冲缸		简化符号
伸缩缸		—	增压缸		单程作用
蓄能器		一般符号	气体隔离式蓄能器		—
重锤式蓄能器		—	弹簧式蓄能器		—
液压源		一般符号	电动机		—
气压源		一般符号	原动机		电动机除外
溢流阀		一般符号或直动型溢流阀	先导型溢流阀		—
顺序阀		一般符号或睦动型顺序阀	先导型顺序阀		—
减压阀		一般符号或直动型减压阀	先导型减压阀		—

名　称	符　号	说　明	名　称	符　号	说　明
定差减压阀		—	定比减压阀		减压比 1/3
单向阀		简化符号（弹簧可省略）	液控单向阀		简化符号
双液控单向阀		俗称"双向液压锁"	梭阀		简化符号
二位二通电磁换向阀		常通	二位三通电磁换向阀		—
二位五通液动换向阀		—	二位四通机动换向阀		—
三位四通电磁换向阀		—	三位四通电液换向阀		简化符号
三位四通电磁比例换向阀		节流型，中位正遮盖	三位四通电磁比例换向阀		中位负遮盖
四通电液伺服阀		二级	不可调节流阀		简化符号
可调节流阀		简化符号	调速阀		简化符号
截止阀		—	带单向阀的快换接头		—
分流阀		—	集流阀		—
液压油箱		—	加压油箱或密闭油箱		三条油路
过滤器		一般符号	带污染指示器的过滤器		—

（续表）

名 称	符 号	说 明	名 称	符 号	说 明
冷却器	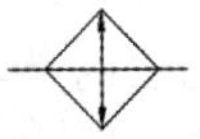	一般符号	加热器	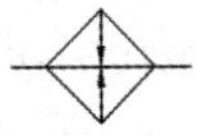	一般符号
压力表(计)		—	流量计	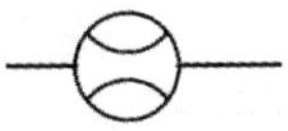	—
温度计		—	液位计		—
压力继电器（压力开关）	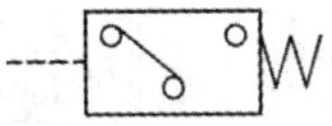	一般符号	转矩仪	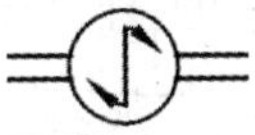	—
三通路旋转接头	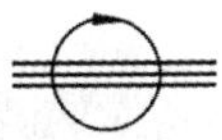		单通路旋转接头	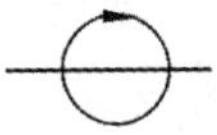	—
转速仪	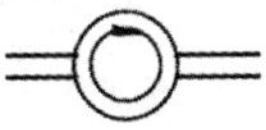	—	不带单向阀的快换接头	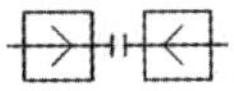	—
控制管路	- - - -	可表示泄油管路	管路	——	压力管路、回油管路
液压先导加压控制	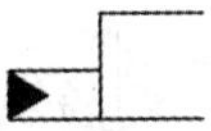	内部压力控制	液压先导加压控制	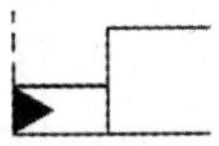	外部压力控制
液压先导卸压控制	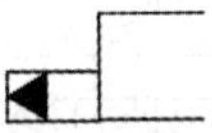	内部压力控制，内部泄油	液压先导卸压控制	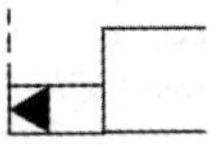	外部压力控（带遥控泄放口）

第二节　液压回路

基本液压回路是指能实现某种规定功能的液压元件的组合，是液压传动系统的基本组成单元。

一、压力控制回路

压力控制回路的功能是使液压系统整体或某一部分的压力保持恒定或不超过某个限定值。

1. 调压回路（如图 1-11 所示）

2. 减压回路

减压回路是使系统中的某一部分油路或某个执行元件获得比系统压力低的稳定压力。

图 1-12(a)中泵的供油压力根据主油路的负载由溢流阀 1 调定,夹紧液压缸的工作压力根据它所需要的夹紧力由减压阀 2 调定。图 1-12(b)中马达驱动回路压力由溢流阀 D 设定,马达制动解除回路油压由减压阀 C 设定。为了保证减压回路的工作可靠性,减压阀的最低调整压力不应小于 0.5 MPa,最高调整压力至少比系统调整压力小 0.5 MPa。必须指出的是,负载在减压阀出口处所产生的压力应不低于减压阀的调定压力,否则减压阀不可能起到减压、稳压作用。

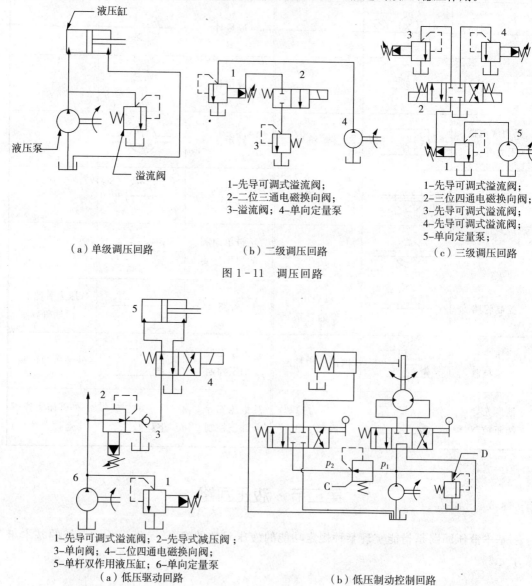

1-先导可调式溢流阀;
2-二位三通电磁换向阀;
3-溢流阀;4-单向定量泵

1-先导可调式溢流阀;
2-三位四通电磁换向阀;
3-先导可调式溢流阀;
4-先导可调式溢流阀;
5-单向定量泵;

（a）单级调压回路　　　　（b）二级调压回路　　　　（c）三级调压回路

图 1-11　调压回路

1-先导可调式溢流阀；2-先导式减压阀；
3-单向阀；4-二位四通电磁换向阀；
5-单杆双作用液压缸；6-单向定量泵

（a）低压驱动回路　　　　　　　（b）低压制动控制回路

图 1-12　减压回路

3. 增压回路

增压回路是通过增压装置(增压缸)提高系统中某一支路的压力,从而实现油压放大的回路,它能用较低压力的泵来获得较高的工作压力。图 1-13(a)为连续增压回路,输出压力远远高于溢流阀设定的压力;图 1-13(b)可以通过增压缸使得制动缸压力远远大于储气筒的气压。

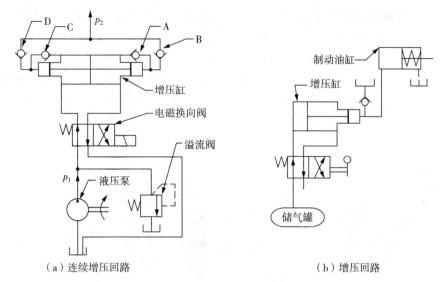

（a）连续增压回路　　　　　　　　　　（b）增压回路

图 1-13　增压回路

4. 卸荷回路

卸荷回路的功用是在驱动液压泵的动力机械不频繁启停的情况下,使液压泵在功率损耗接近零的情况下运转,用以减少功率损耗,降低系统发热,延长液压泵和动力机械的寿命。又因为液压泵的输出功率为其流量和压力的乘积,在流量和压力两者任一近似为零的情况下,功率损耗即近似为零。因此液压泵的卸荷有流量卸荷和压力卸荷两种形式,前者主要是使用变量泵,使泵仅为补偿泄漏,又以最小流量运转,此方法比较简单,但泵仍处在高压状态下运行,磨损比较严重。压力卸荷的方法是使泵在接近零压下运转。图 1-14(a) 采用的是先导式溢流阀与二位二通电磁换向阀组成的卸荷回路,图 1-14(b) 是利用三位四通电磁换向阀组成的中位机能的卸荷回路,图 1-14(c) 是利用二位二通电磁换向阀直接操控的卸荷回路,而图 1-14(d) 则是限压式变量泵组成的"0"流量卸荷回路。

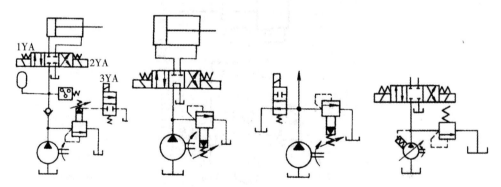

（a）利用溢流阀卸荷　（b）利用换向阀中位机能卸荷　（c）利用换向阀直接卸荷　（d）利用限压式变量泵卸荷

图 1-14　卸荷回路

5. 保压回路

执行元件在工作循环中的某一阶段内,若需要保持规定的压力,应采用保压回路,对于模压机床来说保压是一个很重要的作业流程。

图 1-15 有两个保压回路,图 1-15(a)是利用高压补油泵进行补油保压的回路;图 1-15(b)为利用液控单向阀组成的保压回路。图 1-15(b)中,当 1YA 通电时,换向阀右位接入回路,液压缸上腔压力升至电接触式压力继电器触点调定的压力值时,上触点接通,1YA 断电,换向阀切换成中位,泵卸荷、液压缸由液控单向阀保压。当缸上腔压力下降至低于触头调定的压力值时,压力继电器又发出信号,使 1YA 通电,换向阀右位接入回路,泵向液压缸上腔补油使压力上升,直至上触点调定值。

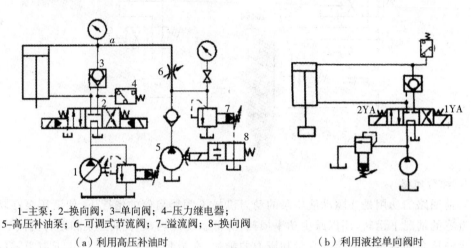

1—主泵;2—换向阀;3—单向阀;4—压力继电器;
5—高压补油泵;6—可调式节流阀;7—溢流阀;8—换向阀

（a）利用高压补油时　　　　　　（b）利用液控单向阀时

图 1-15　保压回路

6. 背压回路

设置背压回路是为了提高执行元件的运行平稳性,减少爬行现象并防止空气进入系统中,一般背压力为 0.3~0.8 MPa。背压回路多采用溢流阀、顺序阀做背压阀使用(见图 1-16)。

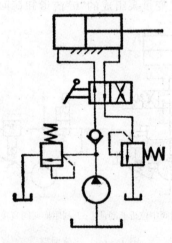

图 1-16　背压回路

7. 平衡回路

为了防止立式液压缸及其工作部件因自重而自行下落,或在下行运动中由于自重而造成失控失速的不稳定运动,在执行元件的回油路上保持一定的背压值,以平衡重力负载。图

1-17中三个回路是采用不同液压元件的平衡回路设计方式。

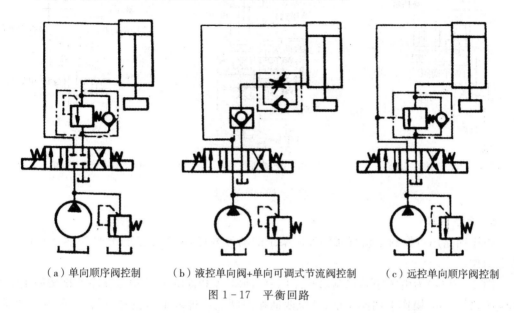

（a）单向顺序阀控制　　　（b）液控单向阀+单向可调式节流阀控制　　　（c）远控单向顺序阀控制

图 1-17　平衡回路

二、方向控制回路

利用各种方向控制阀来控制液压系统中各油路油液的通、断及变向,实现执行元件的启动、停止或改变运动方向。

1. 换向回路

系统对换向回路的基本要求是:换向可靠、灵敏、平稳,换向精度合适。执行元件的换向过程一般包括执行元件的制动、停留和启动三个阶段。换向回路作用主要是变换执行机构的运动方向。在开式系统中一般常用换向阀来实现换向,图 1-18(a)中夹紧油缸的伸缩是依靠二位四通电磁换向阀控制;图 1-18(b)的闭式系统常采用双向变量泵实现换向或通过双向变量马达实现换向。

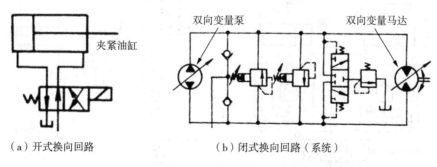

（a）开式换向回路　　　　　　　　（b）闭式换向回路（系统）

图 1-18　换向回路

2. 锁紧回路

锁紧回路的作用是使执行元件在运动过程中的某一位置上停留一段时间保持不动,并防止其漂移或沉降。图 1-19(a)为采用自控平衡阀控制的锁紧回路,图 1-19(b)为利用换向阀中位机能控制的锁紧回路,图 1-19(c)为采用液控单向阀控制的双向锁紧回路。

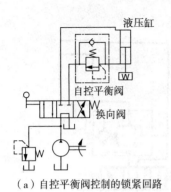

（a）自控平衡阀控制的锁紧回路

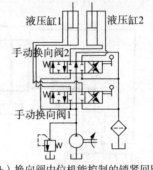

（b）换向阀中位机能控制的锁紧回路

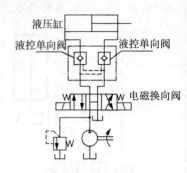

（c）液控单向控制的双向锁紧回路

图 1-19　锁紧回路

3. 顺序回路

顺序回路用以控制多执行元件液压系统的动作顺序，使各个执行元件按照严格的顺序依次动作。

图 1-20(a) 为由顺序阀控制的顺序回路，油缸 A 和油缸 B 的动作顺序严格按照①②③④顺序执行。a. 操作手柄向左推，三位四通换向阀左位进入工作位置，行程①开始。进油：泵出口经换向阀左位进入 A 缸大腔；回油：A 缸小腔油液经换向阀左位回油箱，当 A 缸活塞运行至行程末端时，停止运行，泵出口升高顺序阀 C 打开，行程②开始。进油：泵出口经换向阀左位经顺序阀 C 进入 B 缸大腔；回油：B 缸小腔油液经换向阀左位回油箱。b. 操作手柄向右推，三位四通换向阀右位进入工作位置，行程③开始。进油：泵出口经换向阀右位进入 B 缸小腔；回油：B 缸大腔油液经单向阀 C，再经换向阀右位回油箱，当 B 缸活塞运行至行程末端时，停止运行，泵出口升高，顺序阀 D 打开，行程④开始。进油：泵出口经换向阀右位经顺序阀 D 进入 A 缸小腔；回油：A 缸大腔油液经换向阀右位回油箱。

图 1-20(b) 为由压力继电器控制的顺序回路，只有在工件夹紧信号发出以后，刀具才能进给切削。

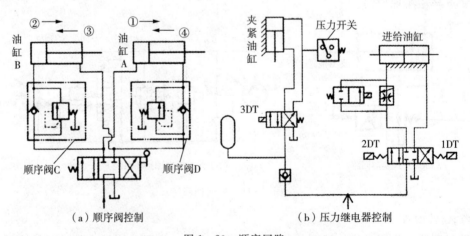

（a）顺序阀控制　　　　　　　　　（b）压力继电器控制

图 1-20　顺序回路

还有行程控制的顺序回路，图 1-21 就是由多个行程开关和电磁阀构成的行程控制顺序回路。

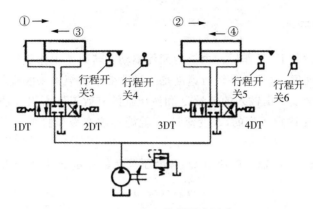

图 1 - 21　行程控制顺序回路

其动作执行过程如下：

(1)1DT 通电,开始行程①；

(2)到预定位行程开关 4 动作,1DT 断电,3DT 通电,开始行程②；

(3)到预定位行程开关 6 动作,3DT 断电,2DT 通电,开始行程③；

(4)到预定位行程开关 3 动作,2DT 断电,4DT 通电,开始行程④；

(5)到预定位行程开关 5 动作,4DT 断电,1DT 通电,开始行程①。

4. 浮动回路

浮动回路的作用是使执行元件的进出油口直接接通处于自行循环状态,或同时接通油箱使之处于无约束的浮动状态。

图 1 - 22(a)为二位二通手动换向阀构成的浮动回路,当换向阀下位处于工作位置时,起重机卷扬马达的 A、B 工作油口联通,液压马达能够自由转动。

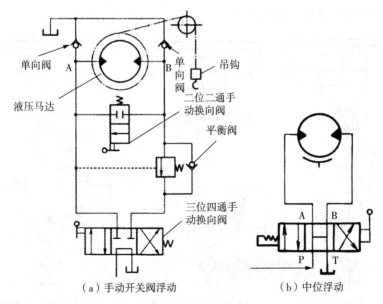

（a）手动开关阀浮动　　　　（b）中位浮动

图 1 - 22　浮动回路

图 1 - 22(b)为三位四通手动换向阀"H"形中位机能控制的浮动回路,当换向阀处于中间位置时,马达的 A、B 工作油口联通,马达在没有机械制动的情况下能够自由转动。

三、速度控制回路

在液压传动的设备上,工作机构由执行元件驱动。若改变工作机构的运行速度,则需改变执行元件的运行速度,执行元件运行速度是通过改变系统流量来实现的。

液压缸的运动速度 v 由输入的流量 Q 和液压缸的有效工作面积 A 决定,即 $v=Q/A$,如果液压缸的面积 A 是固定不变的,改变流量 Q 就能够改变液压缸的运行速度,流量越大则运行速度越快。

液压马达的转速 n_M 由输入的流量 Q_M 和液压马达的排量 q_M 决定,即

$$n_M=Q_M/q_M$$

q_M 是液压马达的排量,液压马达有定量和变量两种,当液压马达为定量马达时,改变流量 Q_M 就能够改变液压马达的转速,流量越大则马达的转速越快;当液压马达为变量马达,流量 Q_M 不变时,改变马达的排量也能够改变液压马达的转速,马达的排量越小则马达的转速越快。

1. 节流调速回路

节流调速回路根据节流调速阀不同可以分为节流阀节流调速、调速阀节流调速以及换向阀节流调速三大类型。

（1）节流阀节流调速回路

节流阀节流调速回路根据节流阀安装位置的不同分为进口节流调速回路、出口节流调速回路和旁路节流调速回路,节流阀进、出口压差变化对流量的影响较大。

图1-23(a)属于进口节流调速回路,将节流阀串联在液压泵和液压缸之间,通过调节节流阀的通流面积,改变了进入液压缸的流量,从而调节执行元件的运动速度,多余的油液经溢流阀溢流回油箱,溢流阀常开溢流。

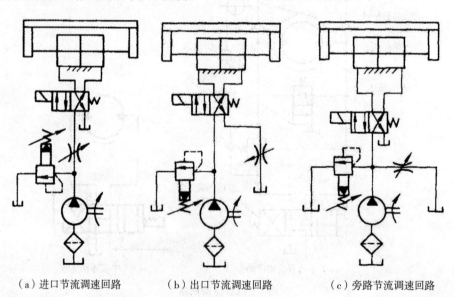

（a）进口节流调速回路　　（b）出口节流调速回路　　（c）旁路节流调速回路

图1-23　节流调速回路

图1-23(b)属于出口节流调速回路,将节流阀串联在液压缸和油箱之间,以限制液压缸的回油量,从而达到调速的目的。回油流量与进油量有一定的关联性,来自液压泵的多余的油液经溢流阀溢流回油箱,溢流阀常开溢流。

图1-23(c)属于旁路节流调速回路,节流阀并联在液压泵和液压缸的分支油路上。液压泵输出的流量一部分经节流阀流回油箱,一部分进入液压缸,经过节流阀回油箱的油液多则油缸运行速度就慢,反之则快,此处溢流阀常闭。

（2）调速阀节流调速回路

对于调速性能要求较高的回路,可以将普通节流阀更换成调速阀,用来调速控制回路的负载特性,调速性能将大为提高。调速阀节流调速回路构成如图1-24所示。

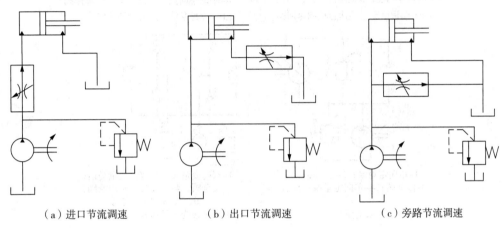

　（a）进口节流调速　　　　　　（b）出口节流调速　　　　　　（c）旁路节流调速

图1-24　调速阀节流调速回路

（3）换向阀节流调速回路

通过控制换向阀开口大小也可以控制执行元件的运行速度,这样的节流控制属于换向阀节流调速控制,回路图如图1-25所示。

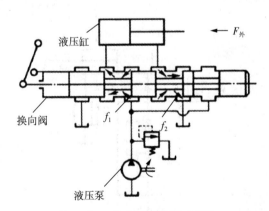

图1-25　换向阀节流调速回路

2. 容积调速回路

由变量泵与定量执行元件构成的调速回路或由定量泵与变量执行元件构成的调速回路以及由变量泵与变量执行元件构成的调速回路统称为容积调速回路,图1-26均为容积调速回路。

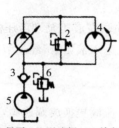
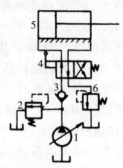

1-单向变量泵；2-溢流阀；3-单向阀；　　1-单向变量泵；2-溢流阀；3-单向阀；
4-单向定量马达；5-单向定量泵；6-溢流阀　　4-手动换向阀；5-液压缸；6-溢流阀

（a）变量泵定量马达容积调速回路　　　　（b）变量泵液压缸容积调速回路

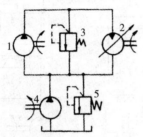
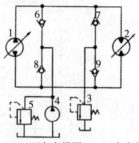

1-单向定量泵；2-单向变量马达；　　　　1-双向变量泵；2-双向变量马达；
3-溢流阀；4-单向定量泵；5-溢流阀　　　　3-安全阀；4-补油泵；5-溢流阀；
　　　　　　　　　　　　　　　　　　　　　　6、7、8、9-单向阀

（c）定量泵变量马达容积调速回路　　（d）变量泵变量马达容积调速回路

图 1-26　容积调速回路

3. 容积节流调速回路

　　既有容积调速又有节流调速的回路称为容积节流调速回路。图 1-27 即为容积节流调速回路。

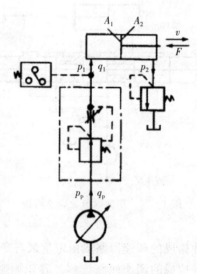

图 1-27　容积节流调速回路

第三节　液压系统

一、液压系统分类

1. 开式液压系统与闭式液压系统

开式液压系统指的是液压油箱参与执行元件的所有工作循环的液压系统,如图 1－28 (a)所示。

开式系统的特点:可以利用油箱散热、沉淀杂质,油液循环周期长,散热条件好,结构简单。因此为大多数工程机械所采用(挖掘机、装载机、旋挖转机等)。

闭式液压系统指的是液压泵的进油口、出油口与执行元件的出油口、进油口直接相连,工作油液只在泵与执行元件之间进行循环,液压油箱中不参与执行元件的工作循环的液压系统被称为闭式液压系统,如图 1－28(b)所示。

闭式液压系统特点:闭式系统结构较为紧凑,外接管路简单(如图 1－29 所示),泵的自吸性好,系统与空气接触的机会较少,空气不易渗入系统,故传动的平稳性较好,且工作机构的变速和换向靠调节泵或马达的变量机构实现。闭式液压系统在压路机、摊铺机、铣刨机上的应用极为广泛。

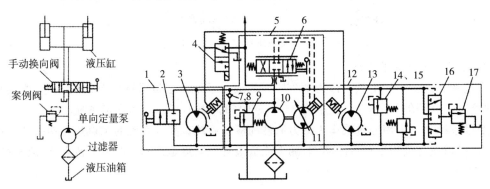

1-马达总成；2-开关阀；3-双向定量马达；4-二位三通电磁阀；5-变量泵总成；
6-手动比例换向阀；7、8-补油单向阀；9-补油溢流阀；10-补油泵；11-双向变量泵；
12-马达总成；13-双向定量马达；14、15-安全阀；16-冲洗阀；17-冲洗溢流阀

（a）开式系统　　　　　　　　　　　　　　　（b）闭式系统

图 1－28　开式液压系统与闭式液压系统

图 1－29　闭式系统泵与马达管路

2. 单泵液压系统与双泵(多泵)液压系统

单泵液压系统指的是由一个液压泵向一个或多个执行元件供油的液压系统,单泵系统如图1-30(a)所示。单泵系统特点:单泵系统适用于不需要进行多种复合动作的工程机械液压系统。双泵(多泵)液压系统是指系统有两台或多台泵可以分别向各自回路中的执行元件供油,是两个或多个单泵系统的组合。多泵系统如图1-30(b)所示,双泵系统特点:对某些工程机械如液压挖掘机、液压起重机系统采用双泵或多泵系统,既可以实现复合运动,又可以对这些动作进行调节,能够更有效地利用发动机功率,提高工作性能。

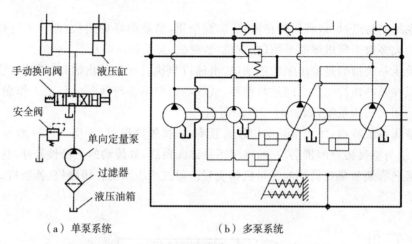

(a) 单泵系统　　　　　　(b) 多泵系统

图1-30　单泵液压系统与多泵液压系统

3. 定量系统与变量系统

定量系统是指采用定量泵作为动力原件的液压系统。定量系统中泵的成本低,速度平稳,油液冷却充分但效率较低(效率为54%~60%)。图1-31(a)为定量系统。

变量系统是指采用变量泵作为动力原件的液压系统。变量系统的优点是在功率调节范围之内,可以充分利用发动机的功率,减少能量浪费。缺点是结构和制造工艺复杂,成本高。图1-31(b)为变量系统。

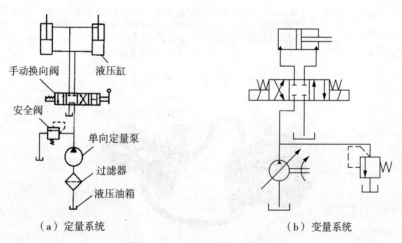

(a) 定量系统　　　　　　(b) 变量系统

图1-31　定量系统与变量系统

4. 分功率变量系统与总功率变量系统

分功率变量系统是指液压系统中的两个主泵,各有一个恒功率变量调节器,分别进行压力-流量变化调节使单泵输出功率不超过发动机功率的50%,分功率控制如图1-32所示。每一个泵的流量只受本泵所在回路负载压力的影响,而不受另一些回路负载的影响,不能保证相应的同步关系。每一个单泵系统所利用的发动机功率最多不超过50%。为了改善功率利用,在进行单系统动作时,分功率变量系统可采用合流供油。

总功率变量控制系统是指采用机械联动或液压联动形式,根据两个泵出口压力来调节泵的流量,使泵总输出功率不超过发动机功率的100%的控制方式,总功率控制如图1-32(b)与图1-32(c)所示。发动机功率能得到充分利用,发动机功率可按实际需要在两泵之间自动分配与调节。在极限情况下,当一台泵空载时,另一台泵可以输出全部功率。两台泵流量始终相等,可实现速度同步。但由于两台泵传递功率不等,其中的某个泵有时可能在超载下运行,对泵的寿命有一定的不利影响。

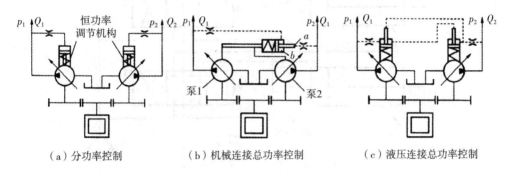

（a）分功率控制　　　　　（b）机械连接总功率控制　　　（c）液压连接总功率控制

图1-32　分功率、总功率控制系统

5. 执行元件的串联系统、并联系统及串并联系统

液压系统按照向执行元件供油方式不同,可分为串联、并联及串并联系统。

串联系统指当一台液压泵向一组由多路换向阀控制的执行元件供油时,前一个执行元件的回油即是后一个执行元件的进油的液压系统,如图1-33所示。

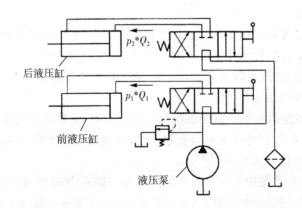

图1-33　执行元件串联系统

串联系统的特点：

① 液压泵的流量（系统最大流量）是按动作中最大的一个执行元件所需流量选取的。

② 液压泵的压力（系统压力）是同时动作的执行元件所有压力之和（克服负载能力较差）。

③ 当液压泵的流量不变时，串联系统中各液压缸或液压马达的速度与负载无关。

④ 当主泵向多路阀控制的各执行元件供油时，可实现各执行元件同时工作。

并联系统是指当一台液压泵向一组由多路换向阀控制的执行元件供油时，各执行元件（液压缸）的进油经过换向阀直接和液压泵的供油路相连通，而执行元件（液压缸）另一腔的回油又经过换向阀与总回路相通的液压系统，如图 1-34 所示。

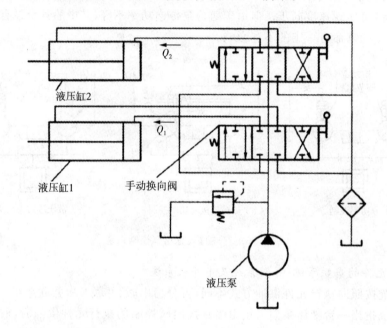

图 1-34　执行元件并联系统

并联系统的特点：

① 泵的流量是按可同时动作执行元件之和选取的，对泵的流量要求比较大。

② 泵的压力是按各执行元件中最高的一个所需压力选取的。

③ 当泵的流量不变时，并联油路中执行元件的速度将与外负载有关，且随外负载增大而减小，随外负载减小而增大。

④ 当主油泵向多路换向阀控制的各执行元件供油时，流量的分配随各执行元件上外负载的不同而变化。当各执行元件上外负载相等时，可实现同时动作，否则由外负载的不同而有先后动作，其克服外负载的能力较大。

串并联系统是指在系统中当一台液压泵向一组多路换向阀控制的执行元件供油，在中位时，各单联换向阀的进油路是串联，回油路是并联，或者当前一联阀工作时，后面各联阀就为不正常工作的液压系统，如图 1-35 所示。

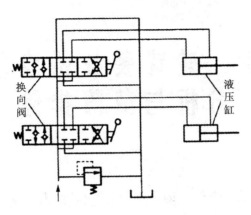

图 1 - 35　执行元件串并联系统

6. 有级调速、无级调速及复合调速系统

有级调速、无级调速及复合调速系统调速方式参阅第一章第二节。

第二章　轮式装载机液压系统
分析与故障排除

第一节　液压系统工作原理分析

　　装载机是一种广泛用于公路、铁路、建筑、水电、港口、矿山等建设工程的土石方施工机械,它主要用于铲装土壤、砂石、石灰、煤炭等散状物料,也可对矿石、硬土等进行轻度铲挖作业。换装不同的辅助工作装置还可进行推土、起重和其他物料如木材的装卸作业。在道路特别是在高等级公路施工中,装载机用于路基工程的填挖、沥青混合料和水泥混凝土料场的集料与装料等作业。此外还可进行推运土壤、刮平地面和牵引其他机械等作业。由于装载机具有作业速度快、效率高、机动性好、操作轻便等优点,因此它成为工程建设中土石方施工的主要机种之一。装载机按行走机构的不同,可分为轮式装载机和履带式装载机两大类,目前国内广泛使用的装载机均为轮式装载机。

一、基本功能分析

　　根据装载机作业要求,装载机必须具备下述功能:①行走前进(多种速度档位)、停止和后退(多种速度档位);②控制行走的方向,左转向、直行和右转向;③铲斗翻转升起(铲装)、铲斗的中位锁紧、铲斗前倾(卸载),动臂提升、动臂的中位锁紧、动臂下降以及动臂的浮动状态。装载机行走驱动多采用液力机械方式(行走驱动及控制在本书中不做介绍,有兴趣的读者建议查阅其他相关资料)。图 2-1 为常林 ZLM50E 装载机液压系统原理图,结合装载机操作过程我们来对液压进行分析。

二、各回路工作原理分析

　　1. 转向操作及转向系统工作原理

　　目前轮式装载机多采用铰接式全液压动力转向,方向盘在驾驶室内,方向盘与全液压转向器相连,在机器正常工作时,沿顺时针方向转动方向盘,则机器向右转向;沿逆时针方向转动方向盘,则机器向左转向;方向盘在中位不动,则机器直线行驶。全液压动力转向的特点为:

　　① 方向盘转过的角度与机器转向的角度并不相等,连续转动方向盘,则机器转向角度加大,直到转向所需角度。

　　② 方向盘转动的速度越快,则机器转向速度越快。

　　③ 方向盘转动以后不会自动回位,应反向转动方向盘,以使机器在平直的方向上行驶。

　　轮式装载机的车架采用前、后车铰接机构,因此其转向机构采用铰接车架进行折腰转

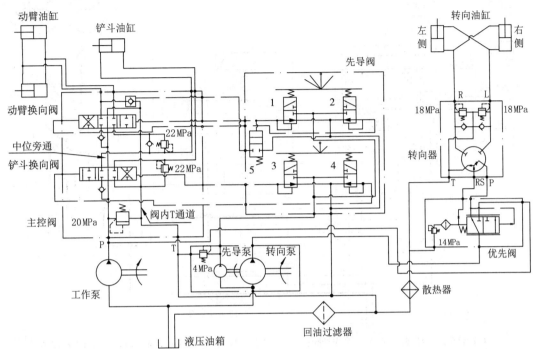

1-动臂下降先导阀；2-动臂提升先导阀；3-铲斗挖掘先导阀；4-铲斗卸料先导阀；5-动臂浮动控制阀

图 2-1 常林 ZLM50E 装载机液压系统原理图

向。装载机铰接车架折腰转向过程是由转向液压缸工作回路来实现的，并要求其具有稳定的转向速度(即要求进入转向液压缸的油液流量恒定)。转向液压缸的油液主要来自转向液压泵，转向液压泵优先给转向系统供油，当机器处于直行状态会转向系统所需油液小于转向液压泵供油量时，转向泵多余的油液与工作泵一起给工作回路供油。

(1)机器向右转向时，转向回路中油液流动路线

进油路线：转向泵出口→优先阀(左位)→转向器 P 口→转向器 R 口→右侧转向油缸小腔和左侧转向油缸大腔。

回油路线：右侧转向油缸大腔和左侧转向油缸小腔→转向器 L 口→转向器 T 口→散热器→回油过滤器→液压油箱。

图 2-2 箭头表示油液流动路线和方向。

(2)机器向左转向时，转向回路中油液流动路线

进油路线：转向泵出口→优先阀(左位)→转向器 P 口→转向器 L 口→右侧转向油缸大腔和左侧转向油缸小腔。

回油路线：右侧转向油缸小腔和左侧转向油缸大腔→转向器 R 口→转向器 T 口→散热器→回油过滤器→液压油箱。

图 2-3 箭头表示油液流动路线和方向。

(3)机器直行时(工作装置不工作)，转向回路中油液流动路线

油液流动路线：转向泵出口→优先阀(右位)→工作泵出口→主控阀 P 口→中位旁通回路→主控阀内 T 通道→回油过滤器→液压油箱(如图 2-4 所示)。

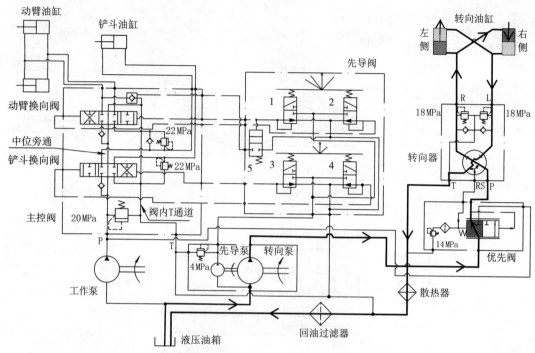

1-动臂下降先导阀；2-动臂提升先导阀；3-铲斗挖掘先导阀；4-铲斗卸料先导阀；5-动臂浮动控制阀

图 2-2　装载机向右转向时油液流动路线

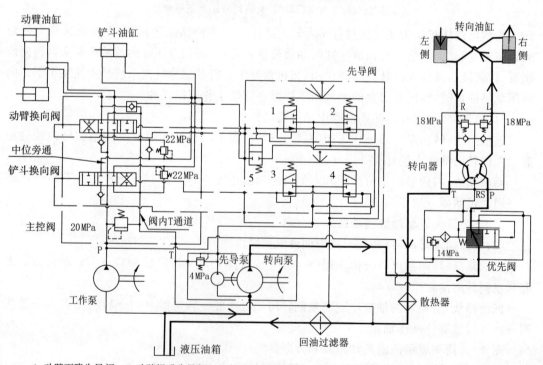

1-动臂下降先导阀；2-动臂提升先导阀；3-铲斗挖掘先导阀；4-铲斗卸料先导阀；5-动臂浮动控制阀

图 2-3　装载机向左转向时油液流动路线

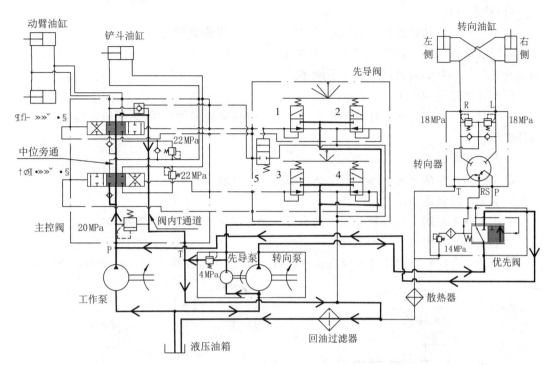

1-动臂下降先导阀；2-动臂提升先导阀；3-铲斗挖掘先导阀；4-铲斗卸料先导阀；5-动臂浮动控制阀

图 2-4 装载机直行、无动作时油液流动路线

（4）转向回路中各液压元件的作用分析

① 液压油箱：储存油液、沉淀、散热、分离油液中的空气。

② 转向泵：为转向回路提供压力油、驱动转向缸运行。

③ 优先阀组件：感知转向器动作情况保证优先向转向器供油。

④ 转向器组件：控制转向缸进油、回油方向，防止转向缸超载、吸空补油。

⑤ 转向液压缸：执行转向指令、驱动转向机构。

2. 工作机构操作及主工作系统工作原理

先导操纵手柄安装在司机座椅的右侧，用于控制工作装置进行作业。内侧的铲斗操纵手柄用于控制铲斗的运行，外侧的动臂操纵手柄用于控制动臂的运行，这两个手柄处于自然状态时为保持位置，即中位。

在发动机运转时，把铲斗操纵手柄往前推，则铲斗向前翻转（卸载），把铲斗操纵手柄往后拉，则铲斗向后翻转（装铲）；把动臂操纵手柄往前推，则动臂往下降，把动臂操纵手柄往后拉，则动臂往上升。手柄向前或向后小幅移动可以控制主控换向阀阀口的开度大小，配合柴油机的不同转速则可以较为精确地控制工作装置的运行速度。操纵手柄如图 2-5 所示。

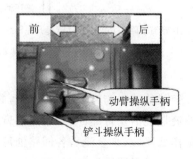

图 2-5 操纵手柄

（1）铲斗装料

铲斗的装料与卸料由转斗液压缸工作回路实现。当操纵铲斗换向阀使其右位工作时，铲斗液压缸活塞杆伸出，并通过摇臂连杆带动铲斗翻转、收起进行铲装。图 2-6 含有先导回路及主工作回路油液流动路线如下所述。

1）先导回路进油

先导泵出口→先导阀 3 进口→先导阀 3 上位→铲斗换向阀右端，阀杆向左移动，换向阀右位工作。

2）先导回路回油

铲斗换向阀左端→先导阀 4 下位→回油过滤器→液压油箱。

3）主工作回路进油

工作泵→主控阀 P 口→铲斗换向阀右位→铲斗油缸无杆腔→活塞杆外伸。

4）主工作回路回油

铲斗油缸有杆腔→铲斗换向阀右位→阀内 T 通道→主控阀 T 口→回油过滤器→液压油箱。

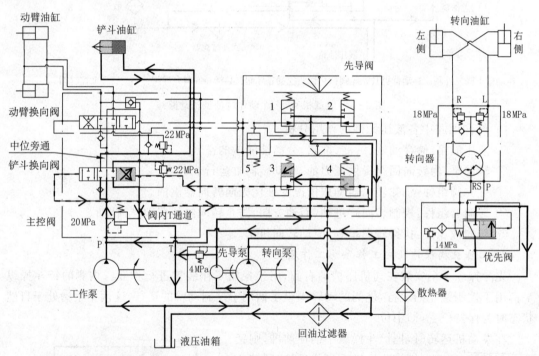

1-动臂下降先导阀；2-动臂提升先导阀；3-铲斗挖掘先导阀；4-铲斗卸料先导阀；5-动臂浮动控制阀

图 2-6　铲斗装料时先导回路与主工作回路油液流动路线

（2）铲斗卸料

铲斗的装料与卸料由转斗液压缸工作回路实现。当操纵铲斗换向阀使其左位工作时，铲斗液压缸活塞杆缩回，并通过摇臂连杆带动铲斗下翻进行卸料。图 2-7 含有先导回路及主工作回路（双泵合流），各回路油液流动路线如下所述。

1）先导回路进油

先导泵出口→先导阀 4 进口→先导阀 4 上位→铲斗换向阀左端→阀杆向右移动→换向

阀左位工作。

2）先导回路回油

铲斗换向阀右端→先导阀3下位→回油过滤器→液压油箱。

（3）主工作回路进油

转向泵→优先阀右位油液与工作泵出口油液合流后→主控阀P口→铲斗换向阀左位→铲斗油缸有杆腔，活塞杆缩回。

（4）主工作回路回油

铲斗油缸无杆腔→铲斗换向阀左位→阀内T通道→主控阀T口→回油过滤器→液压油箱。

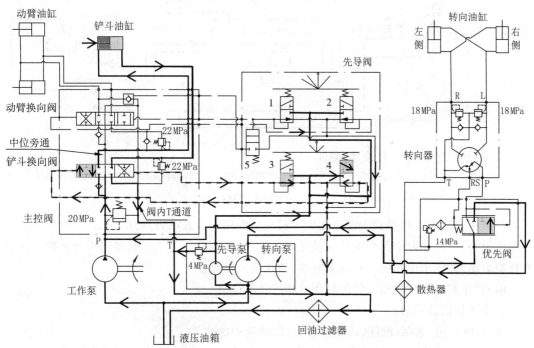

1-动臂下降先导阀；2-动臂提升先导阀；3-铲斗挖掘先导阀；4-铲斗卸料先导阀；5-动臂浮动控制阀

图2-7　铲斗卸料时先导回路与主工作回路（双泵合流）油液流动路线

（3）铲斗中位锁定

当铲斗换向阀处于中位时，铲斗液压缸进、出油口被封闭，依靠换向阀的锁紧作用，铲斗在某一位置处于锁定状态。

在铲斗油缸的有杆腔和无杆腔油路中都设有双作用安全阀（补油＋过载保护）。在动臂升降的过程中，铲斗的连杆机构由于动作不协调而受到某种程度的干涉，即在动臂提升时铲斗液压缸的活塞杆有被压回的趋势，而在动臂下降时活塞杆又有被强制拉出的趋势。而这时铲斗换向阀处于中位，铲斗液压缸的油路不通。因此，这种情况会造成铲斗油缸回路出现过载或产生真空。为了防止这种情况的发生，系统中设置了双作用安全阀，它可以起到缓冲和补油的作用。铲斗油缸处于锁定状态时过载保护和补油时油液流动情况见图2-8。

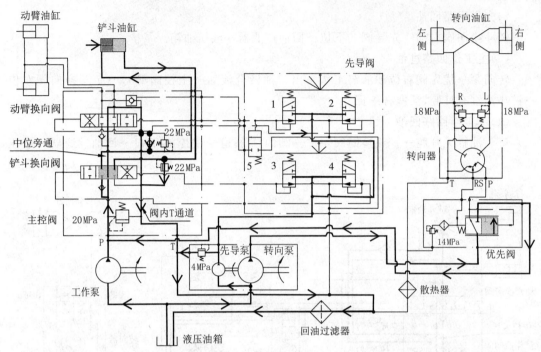

1-动臂下降先导阀；2-动臂提升先导阀；3-铲斗挖掘先导阀；4-铲斗卸料先导阀；5-动臂浮动控制阀

图 2-8　铲斗中位锁定时过载保护和补油时油液流动路线

当铲斗油缸无杆腔受到干涉而使压力超过双作用安全阀的设定压力(22 MPa)时,该安全阀会被打开,使油缸中部分的液压油流回油箱,消除动作干涉油缸后得到缓冲保护。此时有杆腔会出现真空,由单向阀从油箱补油,防止空穴的产生。

(4)铲斗回路中各液压元件的作用分析

1)主工作回路部分

① 液压油箱:储存、沉淀、散热油液,分离油液中的空气。

② 工作泵:为铲斗工作回路提供压力油,驱动铲斗油缸运行。

③ 主溢流阀(设定压力为 20 MPa):防止工作回路作业过程中压力过高,过载保护(管路、液压泵、油缸等)。

④ 铲斗换向阀:控制铲斗缸进油、回油方向,中位闭锁。

⑤ 油缸大腔端口(支路)溢流阀:非作业状态下过载保护,外载荷冲击保护(动臂提升干涉等)。

⑥ 油缸小腔端口(支路)溢流阀:非作业状态下过载保护,外载荷冲击保护(动臂下降干涉等)。

⑦ 补油单向阀:当支路出现真空态时,提供补油。

⑧ 铲斗液压缸:执行铲斗运行指令,驱动铲斗收、放。

2)先导回路部分

① 液压油箱:储存、沉淀、散热油液,分离油液中的空气。

② 先导泵:为先导系统(回路)提供压力油、操纵阀杆换向。

③ 先导溢流阀(设定压力为 4 MPa):溢流稳压,先导泵供油量大于系统工作时需要的油量,先导系统需要始终维持在一个较为稳定的压力范围内。

④ 先导阀 3(减压阀):推动铲斗换向阀向左移动,右位进入工作位置,同时可以控制换向阀开口度大小(先导手柄操控角度越大,滑阀开口度越大,滑阀节流越少,铲斗收斗速度就快)。

⑤ 先导阀 4(减压阀):推动铲斗换向阀向右移动,左位进入工作位置,同时可以控制换向阀开口度大小(先导手柄操控角度越大,滑阀开口度越大,滑阀节流越少,铲斗卸料速度就快)。

(5)动臂提升

动臂提升时先导回路及动臂工作回路(合流状态)油液流动情况详见图 2-9。

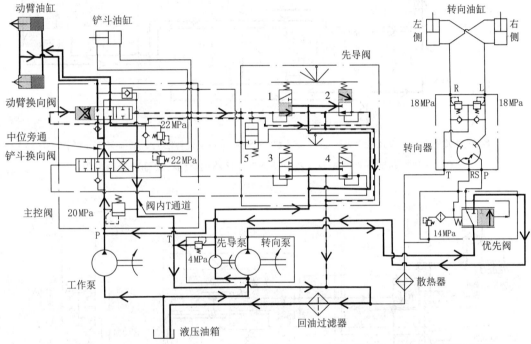

1-动臂下降先导阀;2-动臂提升先导阀;3-铲斗挖掘先导阀;4-铲斗卸料先导阀;5-动臂浮动控制阀

图 2-9 动臂提升时先导回路及动臂工作回路(合流状态)油液流动路线

(6)动臂下降

动臂下降时先导回路及动臂工作回路(合流状态)油液流动情况详见图 2-10。

(7)动臂浮动控制

将动臂操纵手柄向前推至极限位置时,此时动臂处于浮动状态,要想解除动臂浮动状态,将动臂操纵手柄拉回中位即可。在操纵动臂下降时,可以将动臂操纵手柄推至浮动位置,则动臂在自重作用下下降,不会受到主工作回路串联关系的限制。在进行刮平或铲装作业时,将动臂操纵手柄推至浮动位置,则铲斗将随着地面的起伏而起伏,从而避免了对路面的损坏。动臂浮动时先导回路及动臂工作回路(合流状态)油液流动情况详见图 2-11。从图 2-11 中可以看出,动臂处于浮动位置有两个关键点:①液控单向阀被触发处于正反向导通状态;②液控单向阀反向导通被触发是由于先导手柄被向前推至极限位置后使得二位二通换向阀 5 上位处于工作状态。

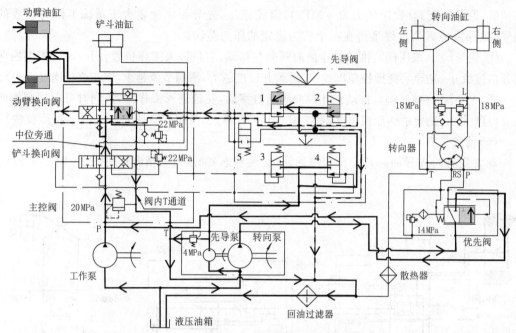

1-动臂下降先导阀；2-动臂提升先导阀；3-铲斗挖掘先导阀；4-铲斗卸料先导阀；5-动臂浮动控制阀

图 2-10　动臂下降时先导回路及动臂工作回路(合流状态)油液流动路线

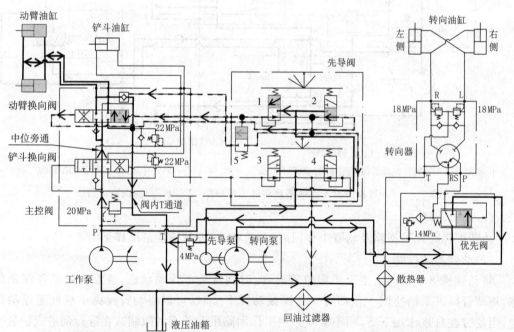

1-动臂下降先导阀；2-动臂提升先导阀；3-铲斗挖掘先导阀；4-铲斗卸料先导阀；5-动臂浮动控制阀

图 2-11　动臂浮动时先导回路及动臂工作回路(合流状态)油液流动路线

(8)动臂回路中各液压元件的作用分析

1)主工作回路部分

① 液压油箱:储存、沉淀、散热油液,分离油液中的空气。

② 工作泵:为动臂工作回路提供压力油,驱动动臂油缸运行。

③ 主溢流阀(设定压力为 20 MPa):防止工作回路作业过程中压力过高,过载保护(管路、液压泵、油缸等)。

④ 动臂换向阀:控制动臂缸进油、回油方向,中位闭锁。

⑤ 液单向阀:当动臂油缸小腔支路出现真空态时,提供补油,接受二位二通换向阀 5 的控制,使动臂缸大小腔油路连通。

⑥ 动臂液压缸(2 只):执行动臂运行指令,驱动动臂提升、下降。

2)先导回路部分

① 液压油箱:储存、沉淀、散热油液,分离油液中的空气。

② 先导泵:为先导系统(回路)提供压力油,操纵阀杆换向。

③ 先导溢流阀(设定压力为 4 MPa):溢流稳压,先导泵供油量大于系统工作时需要的油量,先导系统需要始终维持在一个较为稳定的压力范围内。

④ 先导阀 1(减压阀):推动动臂换向阀向左移动,右位进入工作位置,同时可以控制换向阀开口度大小(先导手柄操控角度越大,滑阀开口度越大,滑阀节流越少,动臂下降速度就越快)。

⑤ 先导阀 2(减压阀):推动动臂换向阀向右移动,左位进入工作位置,同时可以控制换向阀开口度大小(先导手柄操控角度越大,滑阀开口度越大,滑阀节流越少,动臂提升速度就快)。

(9)同时操纵动臂提升先导阀与铲斗装料先导阀

主控阀的两路液控换向阀为串并联关系,铲斗换向阀在前面属于优先级,当同时操纵动臂提升先导阀和铲斗装料先导阀时,铲斗动作正常,动臂不会提升,详见图 2-12。

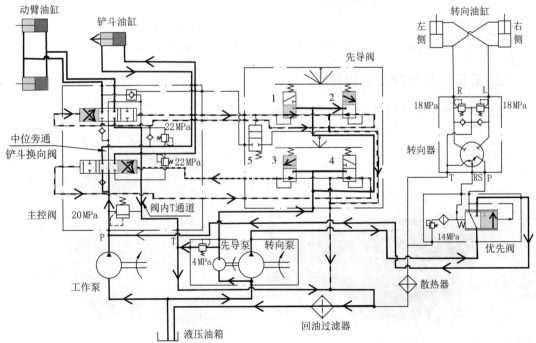

1-动臂下降先导阀;2-动臂提升先导阀;3-铲斗挖掘先导阀;4-铲斗卸料先导阀;5-动臂浮动控制阀

图 2-12　同时操纵动臂提升、铲斗装料时的油液流动路线

（10）同时操纵动臂下降先导阀与铲斗装料先导阀

主控阀的两路液控换向阀为串并联关系，铲斗换向阀在前面属于优先级，当同时操纵铲斗装料先导阀和动臂下降先导阀时，铲斗动作正常，动臂会在自身和铲斗的重量作用下下降，详见图 2-13。这时，动臂缸小腔的进油来自于主控阀内的 T 通道的回油。

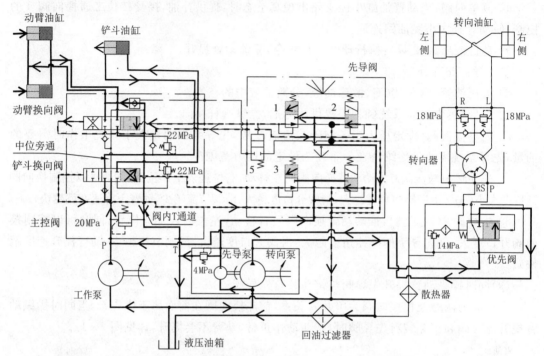

1-动臂下降先导阀；2-动臂提升先导阀；3-铲斗挖掘先导阀；4-铲斗卸料先导阀；5-动臂浮动控制阀

图 2-13　同时操纵动臂下降、铲斗装料时的油液流动路线

三、液压元件外观及结构简图

液压元件外观及结构简图如图 2-14～图 2-24 所示。

图 2-14　转向泵＋先导泵
（双联齿轮泵）

图 2-15　工作泵
（齿轮泵）

图 2-16　流量优先阀

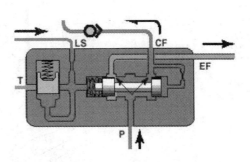

图 2-17　流量优先阀结构及其
工作原理简图

图 2-18　液压转向器外观图

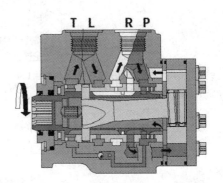

图 2-19　液压转向器结构及其
工作原理简图

图 2-20　先导阀外观图

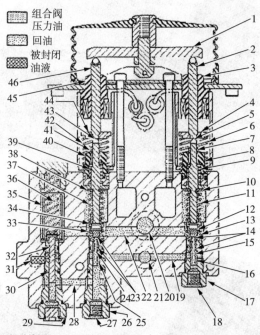

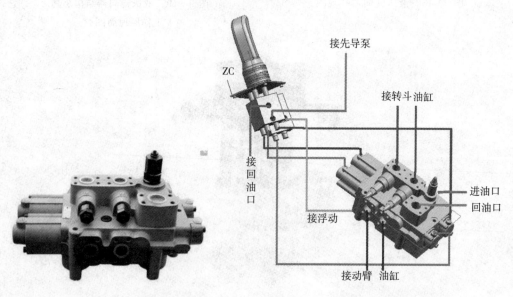

1-压条；2-压销；3-电磁线圈组；4-压板；5-阀杆；6-弹簧；7-螺母；8-阀组；9-弹簧；
10-弹簧座；11-计量弹簧；12-弹簧座；13-弹簧；14-阀孔；15-油道；16-计量阀芯；
17-计量阀组；18-油口（动臂提升腔）；19-进油油道；20-回油口；21-进油口；
22-回油油道；23-阀孔；24-油道；25-计量阀芯；26-阀组；27-油口（动臂下降腔）；
28-油道；29-顺序阀组；30-顺序阀芯；31、32-油道；33-弹簧；34-弹簧座；
35-弹簧腔；36、37-弹簧；38-弹簧座；39-弹簧；40-计量阀组；41-螺母；
42-弹簧；43-阀杆；44-压板；45-电磁线圈；46-压销

图 2-21 先导阀结构图

图 2-22 多路阀（主控阀）外观图   图 2-23 多路阀、先导阀管路连接图

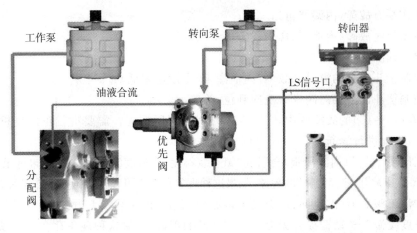

图 2-24　工作泵、转向泵、优先阀、转向器等元件油路连接图

第二节　液压系统故障分析、诊断与排除

液压系统故障诊断与排除工作任务的关键在于故障的诊断,经准确诊断故障后,故障排除相对来说就较容易了。故障诊断分析一般从系统构成的元件开始进行正向分析,以培养故障分析诊断的基本功。在能够熟知元件故障对应的设备故障现象后,就能进行故障逆向分析和进行故障的逻辑综合分析了。正向分析就是假设液压元件出现某种故障以后,机器设备必然会出现与之对应的故障现象;逆向分析就是当机器设备出现了某种故障现象以后,分析引起这个故障现象可能是由哪些元件的故障所造成的。在进行机器设备液压系统故障分析诊断过程中往往会交替使用正向分析和逆向分析来缩小故障点范围,这种交替使用正向分析和逆向分析的故障分析方法就是逻辑分析。

一、正向分析

某一故障源必然会引起一个或多个故障现象,例如当工作泵内漏严重时会引起动臂提升无力、速度缓慢,铲斗装料无力、速度缓慢,以及铲斗卸料无力、速度缓慢。当动臂油缸活塞密封件损坏时会引起动臂提升无力、速度缓慢,还有动臂会有自动下沉现象发生。

二、逆向分析

机器设备出现了某一故障现象,故障源头在哪里? 例如,当装载机出现"动臂提升无力、速度缓慢"这一故障现象时,故障源头可能是工作泵内漏严重,也可能是动臂油缸活塞密封件损坏,那么究竟是"工作泵"有故障还是"动臂缸活塞密封"有故障呢? 下面进行详细分析。

三、逻辑(综合)分析

逻辑分析就是先逆向分析再正向分析,通过多个循环的正向分析和逆向分析后确定最可能的故障源头,再进行拆检确认的过程。

假设某台装载机出现了"铲斗装料无力、速度缓慢"的故障现象,此时通过逆向分析便会想到可能是如下问题引起了这种现象。

(1)工作泵有故障(内漏严重);

(2)主溢流阀故障(内泄漏、压力设定偏低);

(3)铲斗油缸活塞密封损坏;

(4)控制铲斗油缸的溢流阀故障(内泄漏、压力设定偏低);

(5)控制铲斗油缸换向阀没有换向到位,等等。

那么在(1)~(5)的故障源中,究竟谁才是"病根"所在呢?需要进行正向分析并对照设备实际运行情况进行诊断。

(1)工作泵有故障(内漏严重)会引起"铲斗装料无力、速度缓慢"+"铲斗卸料无力、速度缓慢"+"动臂提升无力、速度缓慢"的现象,如果这种现象存在则可以初步确定工作泵可能有故障。

(2)主溢流阀故障(内泄漏、压力设定偏低)会引起"铲斗装料无力、速度缓慢"+"铲斗卸料无力、速度缓慢"+"动臂提升无力、速度缓慢"的现象,如果这种现象存在则可以初步确定主溢流阀可能有故障。

如果出现"工作泵有故障(内漏严重)"或"主溢流阀故障(内泄漏、压力设定偏低)"时,由于拆装主溢流阀较拆装工作泵方便些,需先更换一只完好的主溢流阀。如果更换主溢流阀后所有故障现象消失了,则可以确定故障源就是原来的"主溢流阀";如果现象依旧,需更换工作泵后查看故障现象是否消失,其他工作以此类推。

四、液压元件故障及设备故障现象分析

1. 工作泵

(1)漏油:外漏与内漏。外漏(轴端、结合面)可见,容易判断,致使轴端漏油时分动箱油面会上升。内漏(高压区与低压区互通),则会出现动臂提升速度慢、无力;铲斗装料速度慢、无力;铲斗卸料速度慢、无力等情况。

(2)传动零件损坏:运行时噪声较大,系统有振动感。

2. 主溢流阀

(1)设定压力偏低:动臂提升速度慢、无力;铲斗装载速度慢、无力。

(2)导阀阀芯磨损或在开启位置卡住、调压弹簧折断:动臂提升速度慢、无力;铲斗装料速度慢、无力;铲斗卸料速度慢、无力。

(3)主阀芯阻尼孔堵塞:动臂提升速度慢、无力;铲斗装料速度慢、无力;铲斗卸料速度慢、无力。

(4)导阀阀芯在关闭位置卡住:系统压力异常升高,油管易爆。

3. 动臂换向阀

(1)内漏(阀芯与阀体间隙过大):动臂有自动下沉现象、动臂提升缓慢无力。

(2)卡住:在中位卡住,操作动臂升降时无动作;在提升位卡住,动臂有自动提升现象发生,熄火后发动机启动困难;在下降位卡住,动臂有自动下沉现象发生,当动臂降至地面后继续下沉会顶起机体,熄火后发动机启动困难。

(3)对中弹簧折断:操作提升动作后,先导手柄回中位以后动作不会停止;操作下降动作后,先导手柄回中位以后动作不会停止。

4. 铲斗换向阀

(1)内漏(阀芯与阀体间隙过大):铲斗装料、卸料都会出现缓慢无力现象。

（2）卡住：在中位卡住，操作铲斗装料、卸料时均无动作；在装料位置卡住时，铲斗有自动收斗现象发生，熄火后发动机启动困难；在卸料位卡住时，铲斗有自动卸料现象发生，熄火后发动机启动困难。

（3）对中弹簧折断：操作铲斗装料动作后，先导手柄回中位以后装料动作不会停止；操作铲斗卸料动作后，先导手柄回中位以后卸料动作不会停止。

5. 铲斗液压缸

（1）内漏（活塞密封损坏）：铲斗装料、卸料都会出现缓慢、无力现象。

（2）活塞杆弯曲：铲斗装料、卸料都会出现动作缓慢、无力，载荷异常现象。

6. 动臂液压缸

（1）内漏（活塞密封损坏）：动臂提升缓慢、无力，动臂出现自动下沉现象。

（2）活塞杆弯曲：动臂提升、下降都会出现动作缓慢、无力，载荷异常现象。

7. 铲斗大腔端口溢流阀

内漏（主阀芯、先导阀芯磨损）：装料无力，装料动作变慢。

8. 铲斗小腔端口溢流阀

内漏（主阀芯、先导阀芯磨损）：卸料无力，卸料动作变慢。

9. 铲斗小腔补油阀

在开启位置卡死：卸料无力，卸料动作变慢。

10. 液控单向阀

（1）在开启位置卡死：用大臂无法支撑起机体。

（2）在关闭位置卡死：动臂浮动位置操控失灵。

11. 先导泵

内漏（齿轮副及壳体磨损）：动臂提升缓慢、无力；铲斗装料、卸料缓慢、无力；操作动臂下降时速度也变慢。

12. 先导系统溢流阀

内漏（压力偏低）：动臂提升缓慢、无力；铲斗装料、卸料缓慢、无力；操作动臂下降时速度也变慢。

五、故障案例

1. 柳工装载机掉斗故障分析、诊断排除过程

（1）故障现象：当先导阀的操作手柄处于中位时，铲斗出现自动前倾即掉斗现象。

（2）故障分析：根据装载机铲斗驱动的连杆机构可知，当铲斗处于收斗状态且先导阀的操作手柄处于中位的情况下，由于铲斗的自重，铲斗油缸大腔受压，此时只要大腔的压力油有外漏通道或与低压区域有连接通道，就会引起铲斗掉斗。

（3）造成铲斗油缸大腔油液外漏或向低压区流动的主要原因应考虑以下6种情况。

第一种：转斗油缸大腔至分配阀之间的管件、接头及结合面密封不良发生外漏现象。

第二种：分配阀的转斗换向阀阀杆未能回中位（由换向阀阀杆被卡，转斗大腔先导阀阀芯由于卡滞未能复位，转斗大腔先导阀阀体有沙眼内漏等原因造成），使得转斗油缸小腔与泵口、大腔与回油口相通。

第三种：铲斗油缸内漏的同时，转斗小腔相对回油口也有泄漏。

第四种：转斗油缸大腔过载阀压力过低（由调压弹簧折断，阀芯有脏物卡在开启位置，阀体上有沙孔或沟槽与回油腔相通等原因造成）。

第五种：转斗油缸大腔补油阀有泄漏（由复位弹簧折断，阀芯有脏物卡在开启位置，阀芯与阀体的结合锥面有脏物或沟槽缺陷，阀体上有沙孔与回油腔相通等原因造成）。

第六种：换向阀芯或阀孔过度磨损，使得阀芯和阀孔的配合间隙远大于设计值，造成转斗油缸大腔压力油泄漏。

（4）围绕以上所述 6 种泄漏途径展开诊断与排除。

① 转斗油缸大腔至分配阀之间的管件、接头及安装的结合面是否有明显的外漏发生。围绕以上六种泄漏情况，最简单、最容易判断的就是第一种情况，启动机器并将动臂举至一定高度、斗收至最大位置，观察转斗油缸大腔至分配阀之间的管件、接头及安装的结合面等是否有明显的外漏现象发生（如图 2－25 所示）。

② 分配阀的转斗换向阀阀杆未能回中位（由换向阀阀杆被卡，转斗大腔先导阀阀芯由于卡滞未能复位，转斗大腔先导阀阀体有沙眼内漏等原因造成），使得转斗油缸小腔与泵口、大腔与回油口相通。如果第一种情况被排除，则可以对第二种情况做判断：启动机器并操作先导阀手柄将动臂提升至最高位置和斗收至最大位置，然后发动机熄火并拆除分配阀转斗阀杆两端的先导管。这时，如果掉斗现象消失，则可以判定是由于先导阀的原因造成分配阀转斗阀杆不回中位致使掉斗现象发生，应拆检和清洗先导阀或更换先导阀。否则，应进行第三种情况的判断（如图 2－26 所示）。

结合面

图 2－25　主控阀（多路阀）

③ 转斗油缸内漏的同时，转斗小腔相对回油口也有泄漏。针对第三种情况，可以做一些简单判断：启动机器并操作先导阀手柄使动臂下降到最低位置、铲斗后倾至最大位置，发动机熄火并打开转斗油缸大腔软管并将它引回液压油箱，启动机器并操作先导阀手柄使铲斗后倾，观察转斗油缸大腔油口是否连续有液压油冒出。如果此时有液压油连续冒出，则说明转斗油缸有严重内漏，需要对该油缸进行拆检维修或更换。如果该油缸没内漏，则要对第四种及第五种情况做进一步分析（如图 2－27 所示）。

先导管

图 2－26　主控阀（多路阀）

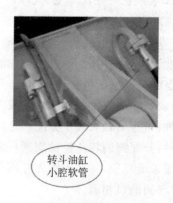

转斗油缸
小腔软管

图 2－27　铲斗油缸工作管路

④ 转斗油缸大腔过载阀压力过低(由调压弹簧折断,阀芯有脏物卡在开启位置,阀体上有沙孔或沟槽与回油腔相通等原因造成)。针对第四种及第五种情况,可以采用压力检测的方法来判定:将一只量程为 0～25 MPa 的压力表连接到转斗油缸大腔的测压口上,启动机器,操作先导阀手柄,使得铲斗处于最大前倾位置,加大油门并操作先导阀手柄提升动臂,同时观测压力表在动臂举升过程中的读数是否达到设计值(20 MPa)。否则,该两种泄漏情况中的一种或两种都属实,应该拆检和清洗转斗油缸大腔过载阀或补油阀(如图 2-28 所示)。

⑤ 转斗油缸大腔补油阀有泄漏(由复位弹簧折断,阀芯有脏物卡在开启位置,阀芯与阀体的结合锥面有脏物或沟槽缺陷,阀体上有沙孔与回油腔相通等原因造成)。如果第一种到第五种情况均被排除的情况下掉斗现象未消失,则应停机,将动臂及铲斗放到最低,拆卸分配阀的转斗阀杆,仔细查看阀杆和阀孔以及它们的配合情况等(如图 2-29 所示)。

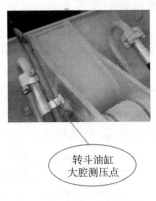

转斗油缸
大腔测压点

分配阀
转斗阀杆

图 2-28　铲斗油缸工作管路　　　　图 2-29　主控阀(多路阀)

⑥ 换向阀芯或阀孔过度磨损,使得阀芯和阀孔的配合间隙远大于设计值,造成转斗油缸大腔压力油泄漏。

2. 柳工装载机动臂下沉故障分析、诊断排除过程

(1)故障现象:当先导阀的操作手柄处于中位时,动臂自行下降,超出油缸的沉降量标准,即所谓的动臂下沉。

(2)故障分析:根据工作装置,当动臂被举升并停留在任意高度位置,由于动臂的自重,使得动臂油缸大腔存在相应的油压。此时,只要大腔的油液相对回油口有泄漏,则会导致动臂自行下降。

(3)造成动臂油缸大腔压力油泄漏的主要原因应考虑以下 5 种情况。

第一种:动臂油缸大腔至分配阀之间的管件、接头及安装的结合面有明显的外漏发生。

第二种:分配阀的动臂换向阀阀杆未能回中位(由换向阀阀杆被卡,动臂大腔先导阀阀芯由于卡滞未能复位,动臂大腔先导阀阀体有沙眼内漏等原因造成),使得动臂油缸小腔与泵口、大腔与回油口相通。

第三种:动臂油缸内漏的同时,动臂小腔相对回油口也有泄漏。

第四种:控制油路组合阀中的选择阀由于加工或阀芯卡滞或阀体沙孔以及先导阀中位内漏等原因,使得选择阀阀芯无法将动臂油缸大腔到组合阀及先导阀的通路切断,造成动臂油缸大腔压力油泄漏。

第五种:换向阀阀芯或阀孔过度磨损,使得阀芯和阀孔的配合间隙远大于设计值,造成

动臂油缸大腔压力油泄漏。

（4）故障检测及排除。

① 动臂油缸大腔至分配阀之间的管件、接头及安装的结合面有明显的外漏发生，最简单及最容易判断的是第一种情况：启动机器并将动臂举至最高，观察动臂油缸大腔至分配阀之间的管件、接头及安装的结合面等是否有明显的外漏现象发生。

② 分配阀的动臂换向阀阀杆未能回中位（由换向阀阀杆被卡，动臂大腔先导阀阀芯由于卡滞未能复位，动臂大腔先导阀阀体有沙眼内漏等原因造成），使得动臂油缸小腔与泵口、大腔与回油口相通。如果第一种情况没有外泄漏发生，则可以对第二种情况做判断：拆除驾驶室先导阀的侧封板，启动机器并操作先导阀手柄将动臂提升至最高位置和斗收至最大位置，发动机熄火后拆开先导阀上与分配阀动臂阀杆两端相连接的先导管管口。这时，如果动臂下沉现象消失，则可以判定是由于先导阀的原因造成分配阀转斗阀杆不回中位致使动臂下沉现象发生，应拆检和清洗先导阀或更换先导阀。否则，应进行第三种情况的判断。

③ 动臂油缸内漏的同时，动臂小腔相对回油口也有泄漏。针对第三种情况，可以做一些简单判断：启动机器并操作先导阀手柄使动臂下降到最低位置、铲斗后倾至最大位置，发动机熄火并打开动臂油缸大腔软管并将它引回液压油箱，启动机器并操作先导阀手柄使动臂下降，观察动臂油缸大腔油口是否连续有液压油冒出。如果此时有液压油连续冒出，则说明动臂油缸有严重内漏，需要对该油缸进行拆检维修或更换；如果该油缸没内漏，则要对第四种情况做进一步分析。

④ 控制油路组合阀中的选择阀由于加工或阀芯卡滞或阀体沙孔以及先导阀中位内漏等原因，使得选择阀阀芯无法将动臂油缸大腔到组合阀及先导阀的通路切断，造成动臂油缸大腔压力油泄漏。针对第四种情况，也可以做一些简单判断：启动机器并操作先导阀手柄将动臂提升至最高位置和斗收至最大位置，发动机熄火，打开先导阀回油口，观察该油口是否有液压油冒出。如果有液压油冒出，则是由于先导阀的内漏造成动臂下沉，应拆检和清洗先导阀或更换先导阀；如果没有液压油冒出，则应打开组合阀的回油口，观察该油口是否有液压油冒出，如果有液压油冒出，则是由于组合阀的内漏造成动臂下沉，应拆检和清洗组合阀或更换组合阀（如图2－30所示）。

1－接先导操纵阀的进油；2－组合阀；
3－接动臂大腔单向阀；4－先导泵到组合阀的进油；
5－组合阀的回油（并通转向器的回）

图2－30　组合阀

⑤ 如果第一种至第四种的情况均被排除，但下动臂下沉现象仍未消失，则应停机，将动臂及铲斗放到最低，拆卸分配阀的动臂阀杆，仔细查看阀杆和阀孔以及它们的配合情况等。

3．柳工装载机动臂提升缓慢故障分析、诊断排除过程

（1）故障现象：在柴油机额定转速下，操纵先导阀手柄，使动臂从最低位置提升到最高位置所需要的时间大于满载提升时间。

（2）故障分析：根据液压动力元件的特征，动臂提升缓慢的原因是从泵输出到液压油缸

的油量不足或确切地说是推动油缸的油量不足。

（3）造成推动油缸油量不足的主要原因应考虑以下 10 种情况。

第一种：从泵口到动臂油缸大腔之间的接头、管道、阀及各结合面等发生严重的外漏。

第二种：液压油含有大量的气泡或发黑，严重变质，丧失应有的黏度。

第三种：吸油滤堵塞或吸油管内胶脱落造成吸油管堵塞等原因，使得工作泵的吸油严重不足，导致工作泵输出流量不够。

第四种：工作泵发生严重的内漏，造成其输出流量不足。

第五种：动臂油缸发生严重的内漏（由于拉缸或密封件的损坏等原因造成）。

第六种：动臂油缸大腔通过组合阀中的选择阀对组合阀的回油口产生严重的内漏。

第七种：分配阀的主安全阀压力过低（由调压弹簧折断，阀芯有脏物卡在开启位置，阀体上有沙孔或沟槽与回油腔相通等原因造成）。

第八种：分配阀阀体的进油道与回油道之间有严重的内漏（由沙孔或阀体材料的崩缺等原因造成）。

第九种：分配阀动臂换向阀杆或阀孔过度磨损，使得阀芯和阀孔的配合间隙远远大于设计值。

第十种：分配阀阀杆开度不够（由换向阀阀杆被卡，动臂大腔先导阀阀芯卡滞或沙眼内漏或组合阀的压力过低等原因造成）。

（4）故障检测及排除。

① 围绕以上原因，首先启动机器并提升动臂，观察从泵口到动臂油缸大腔之间的接头、管道、阀及各结合面等是否发生严重的外漏。

② 如果没有外漏现象发生，则应进行基本的检查：油箱中的液压油油位是否在最低油位以上，液压油是否含有大量的气泡或发黑等。油位不够应加油；液压油变质应更换液压油并彻底清洗油箱、油缸、管路等整个液压系统。

③ 在判断液压油没有异常时，则应启动机器，操作先导阀收斗使液压系统负载，同时注意辨听工作泵是否有啸叫，有啸叫则说明工作泵的吸油严重不足，此时应检查吸油滤及吸油软管等。

④ 辨听工作泵无啸叫的情况下，可以针对第四种情况进行判断：启动机器，操纵先导阀，使泵负载 1～2 min，发动机熄火，用手小心触摸工作泵外壳，如果工作泵外壳很烫，则可以判定工作泵发生严重的内漏，造成其输出流量不足。

⑤ 针对第五种至第九种情况，需要首先作一些测试：将一只量程为 0～25 MPa 的压力表连接到分配阀进口的测压口上，启动机器，操作先导阀手柄，使液压系统并压，同时观察压力表，其读数应达到设计压力（20 MPa）。否则应对第五种至第九种情况做逐一判断。

a. 对于第五种情况：启动机器并操作先导阀手柄使动臂下降到最低位置、铲斗后倾至最大位置，发动机熄火并打开动臂油缸大腔软管并将它引回液压油箱，启动机器并操作先导阀手柄使动臂下降，观察动臂油缸大腔油口是否连续有液压油冒出。如果此时有液压油连续冒出，则说明动臂油缸有严重内漏，需要对该油缸进行拆检维修或更换。

b. 对于第六种情况：发动机熄火，操纵先导阀，将动臂放至最低，然后将动臂油缸大腔至组合阀之间的单向阀反接。

c. 对于第七种情况：拆检和清洗主安全阀，此时如果出现的是阀芯或阀孔变形等不可修复的情况,应更换主安全阀。

d. 如果进行了①②③的判断尝试后,系统压力仍未能达到设计压力(20 MPa),则建议对第八种及第九种情况进行判断,即拆检分配阀的动臂阀杆,仔细检查阀体、阀杆及阀杆与阀孔的配合情况等。

⑥ 当液压系统压力达到设计值(20 MPa)而动臂提升缓慢故障仍未排除时,则应对第十种情况进行检测及排除。

a. 操纵先导阀将动臂及铲斗放至最低,打开分配阀动臂阀杆端无弹簧(轴向尺寸较短)的端盖,手动阀杆使之做轴向移动,注意观察阀杆移动的距离是否异常、回位是否灵活等。

b. 将控制转斗阀杆的先导管与控制动臂阀杆的先导管相互对调,启动机器,操纵先导阀,观察动臂举升是否正常。如果正常,则应拆检和清洗先导阀的动臂阀片,否则应进行下一个检测。

c. 启动机器,用量程为 0~6 MPa 的压力表检测组合阀的压力,如果压力低于 4 MPa,在确保与组合阀连接的泵无异常外,应拆检和清洗组合阀的调压阀芯。之后再次检测该压力,直到压力为 4 MPa。

d. 如果检测组合阀的压力为不小于 4 MPa,则应启动机器,用量程为 0~6 MPa 的压力表检测先导阀的压力,该压力应为 3.5 MPa,否则应拆检和清洗组合阀的选择阀。之后再次进行检测,若仍未达到 3.5 MPa,则应拆检和清洗先导阀。

第三章　压路机液压系统分析与故障排除

第一节　压路机液压系统工作原理分析

一、概述

本节所讲的压路机专指全液压驱动、全液压振动压路机,目的在于研究和分析全液压驱动、全液压振动压路机液压系统的工作原理。目前符合这种条件的压路机有单钢轮压路机和铰接式双钢轮压路机。对于单钢轮压路机,将以宝马 BW219 压路机液压系统为例进行分析研究;对于铰接式双钢轮压路机,将以厦工的 XG6101D 型振动压路机液压系统为例进行分析。

二、XG6101D 型振动压路机基本功能

1. 行驶控制

驱动液压系统是由 1 个手动比例双向变量柱塞泵和 2 个定量柱塞马达等组成的闭式回路组成,手动比例双向变量柱塞泵通过分动箱与柴油机连接,2 个定量柱塞马达通过行星减速器分别驱动前后振动轮行走。通过推动驱动泵上手动比例阀的手柄,压路机可实现前进、后退操控,前进、后退均可实现无级变速的功能。通过驾驶室内的方向盘可以控制左右转向或直线行驶功能。

2. 双驱、双振控制

XG6101D 前后 2 个振动轮均为驱动轮,保证压路机具有良好的驱动性能,有利于提高路面的质量,前后轮都具备双频双幅振动(也可以前轮或后轮单独振动),提高了工作效率和压实质量。

3. 驱动与制动互锁

XG6101D 串联式振动压路机带有操作保护装置的压路机行走液压机构,可实现压路机的驱动和制动互锁保护,其工作原理:驱动泵上带有电控的制动阀,制动阀安装在补油泵和手动比例阀的油路之间。当制动阀线圈得电时,补油泵通过制动阀向手动比例阀和制动器油腔供油,液压推力克服制动器的弹簧作用力将制动器松开,再通过操纵手动比例阀手柄,压路机实现前进或倒退行驶;当制动阀线圈失电时,切断了对手动比例阀和制动器油腔的供油,制动器在弹簧力的作用下起制动作用,此时由于手动比例阀的供油也被切断,即使推动手动比例阀手柄,驱动泵的斜盘倾角也不会改变,驱动泵的排量依然为 0。这从而避免了压路机在制动状态下因误操纵手动比例阀手柄造成驱动液压系统高压溢流,使液压系统油温升高甚至损坏液压元件。

4. 三级制动、制动安全可靠

驱动液压系统为闭式回路,当驱动泵上的手动比例阀手柄回到中位时,驱动泵的斜盘回中,驱动泵的排量为0,驱动液压系统中位自锁停车,压路机实现行车制动。

驱动前后轮行走的2个行星减速器均带有多片式制动器,当柴油机熄火或驱动泵上的制动阀线圈失电时,制动器油腔断油,起制动作用,压路机实现可靠的停车制动。

当驱动液压系统中因压力油管或其他元件损坏造成行车制动失灵并出现紧急情况时,可以采取紧急制动措施,即按下紧急制动开关,驱动泵上的制动阀线圈失电,使制动器油腔断油,制动器起制动作用,压路机实现紧急制动;同时手动比例阀也因断油使驱动泵的斜盘回中,驱动泵的排量降至0,有效地保护了人机的安全。

5. 短距离拖动

XG6101D主要应用于对沥青路面的压实,当压路机出现故障时,应及时拖离施工现场,以免影响施工作业。XG6101D串联式振动压路机的驱动液压系统由于采用了手动供油拖引液压机构,能很方便地实现这一功能。

当压路机出现故障(如柴油机无法起动等)无法自行行走时,可以操纵安装在驱动液压系统高低压油腔之间的球阀,使驱动液压系统的高低压油腔相通;再操纵手动泵向制动器油腔供油,使制动器处于松开状态,利用施工现场现有的其他行走机械牵引,可实现短距离拖动,将出现故障的压路机拖离施工现场。

6. 前后振动轮振动、洒水可实现自动或手动控制

XG6101D可以根据工作需要将振动和洒水设置在自动或手动控制状态,根据预先设定的速度,当压路机的行驶速度达到设定值时,自动振动和自动洒水;当压路机的行驶速度降到设定值时,振动和洒水可自动停止。

7. 主要性能参数

行驶速度	0~9.3 km/h	爬坡能力	27%
振动频率	47 Hz	振幅(高/低)	0.83 mm/0.4 mm
静线压力(前/后轮)	295 N/cm	激振力	123/60 kN
标定功率	92 kW	标定转速	2400 r/min

三、压路机液压系统工作原理分析

图 3-1 所示为 XG6101D 型振动压路机的整机液压系统原理图,由图 3-1 可知 XG6101D 型振动压路机的整机液压系统由转向控制回路、行走驱动回路、前轮振动回路和后轮振动回路四个回路构成。该系统由下列液压元件或组件组成:行走泵总成、前轮行走马达、后轮行走马达、手动泵组件、转向泵、转向器组件、转向油缸(2件)、前/后轮振动泵组件、前轮振动马达组件、后轮振动马达组件、液压油箱、吸油滤芯、液压油散热器、合流阀块构成。把以上液压元件从系统图中分立出来,非常便于以后对液压系统的原理进行分析了。

1. 液压组件/元件

(1)行走驱动泵总成(行走驱动泵组件)

行走驱动泵组件工作原理如图 3-2 所示,组件中含有双向变量泵、变量油缸、手动比例换向阀、补油泵、行走制动电磁阀、多功能阀(2件)、压力切断阀和补油溢流阀。多功能阀的

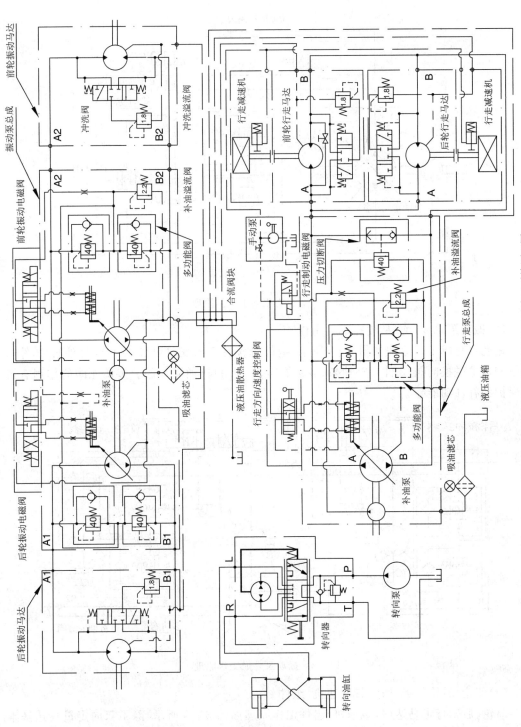

图3-1　XG6101D型振动压路机的整机液压系统原理图

前轮振动马达

振动泵总成

前轮振动电磁阀

后轮振动电磁阀

后轮振动马达

冲洗阀

冲洗溢流阀

补油溢流阀

多功能阀

合流阀块

补油泵

液压油散热器

吸油滤芯

行走减速机

前行走马达

行走制动电磁阀

压力切断阀

手动泵

行走方向/速度控制阀

补油溢流阀

行走泵总成

多功能阀

补油泵

吸油滤芯

液压油箱

后行走马达

行走减速机

转向器

转向泵

转向油缸

作用有过载保护和补油功能；压力切断阀的作用是当 A、B 口工作压力达到设定压力（40 MPa）时，控制油泵变量的控制油液压力降为"0"，变量泵斜盘倾角也降为"0"。

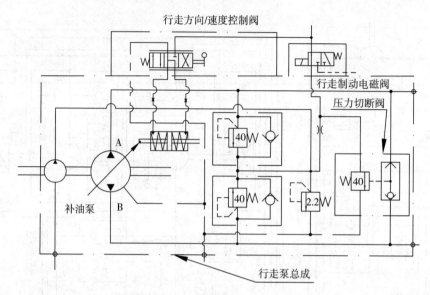

图 3-2　行走驱动泵工作原理

（2）振动泵总成（前/后轮振动泵组件）

振动泵总成工作原理如图 3-3 所示，组件中含有双向变量泵（2 件）、变量油缸（2 件）、三位四通电磁换向阀（2 件）、补油泵、多功能阀（4 件）和补油溢流阀。多功能阀的作用有过载保护和补油功能。

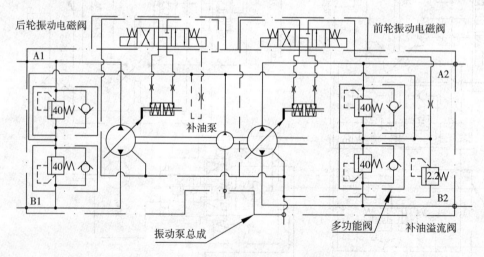

图 3-3　振动泵总成工作原理

（3）前轮、后轮行走马达（带减速机）组件

前轮、后轮行走马达（带减速机）组件工作原理如图 3-4 所示，除了双向定量马达基本功能外，还增设了冲洗阀（三位三通液控换向阀）和冲洗溢流阀。注意，冲洗溢流阀的设定压力小于补油溢流阀的设定压力。在前路振动马达 A1 与 B1、A2 与 B2 油口之间增加了一个

截止阀,截止阀的作用就是在实施短距离拖行任务时让马达的(A1 与 B1、A2 与 B2)油口连通,前后钢轮在拖行时就能自由滚动了。

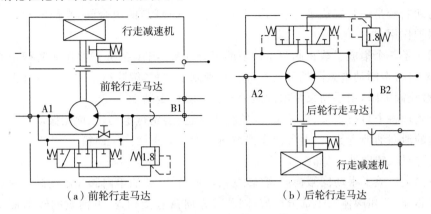

（a）前轮行走马达　　　　（b）后轮行走马达

图 3-4　前轮、后轮行走马达工作原理

（4）前轮、后轮振动马达组件

前轮、后轮振动组件结构完全相同,其工作原理如图 3-5 所示,除了双向定量马达基本功能外,还增设了冲洗阀(三位三通液控换向阀)和冲洗溢流阀。

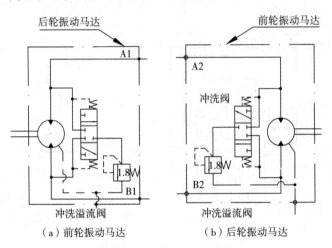

（a）前轮振动马达　　　　（b）后轮振动马达

图 3-5　前轮、后轮振动马达

（5）多功能阀、压力切断阀、手动泵、合流阀块(见图 3-6)

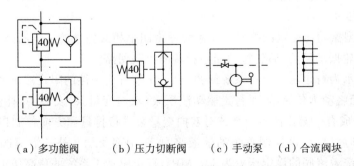

（a）多功能阀　　（b）压力切断阀　　（c）手动泵　　（d）合流阀块

图 3-6　多功能阀、压力切断阀、手动泵、合流阀块

多功能阀是一个集成了溢流阀和单向阀(补油)的组合阀,它能够起到过载保护和低压补油的作用。

压力切断阀是一个集成了外控溢流阀和梭阀(选择阀)的组合阀,它能够起到较为彻底的过载保护作用。

手动泵是一个集成了截止阀和手动泵的组合元件,当压路机正常作业时截止阀处于开启状态,来自行走制动电磁阀的油液经截止阀到制动油缸,解除行走制动。当压路机需要拖行时,将截止阀关闭,用手动泵泵出的压力油去解除行走制动。

合流阀块将来自行走泵、振动泵、前轮行走马达、后轮行走马达、前轮振动马达以及后轮振动马达的泄漏油液合流后,通过液压油散热器冷却后再回液压油箱。

(6)转向器、转向油缸(如图 3-7 所示)

转向器上集成了手动伺服换向阀(转发)、计量马达、补油单向阀和溢流阀。手动伺服换向阀由阀芯、阀套和阀体三个部分组成,阀芯与方向盘直接相连,方向盘的转动带动阀芯一起转动。计量马达有两个作用:①作马达用,当设备正常运转时,通过伺服阀到转向油缸的油液必须经过计量马达,驱动马达旋转,马达的输出轴与驱动转向器的阀套随阀芯同向旋转,使阀芯与阀套的开口关闭;②作手动转向泵用,当对压路机实施拖行任务时,发动机处于停止运转状态,此时转动方向盘可以通过阀芯、阀套带动"计量马达"旋转,"泵出"的油液可以驱动转向油缸进行转向操作。

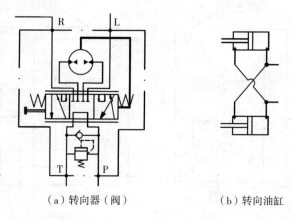

（a）转向器（阀）　　　　　　　　（b）转向油缸

图 3-7　转向器、转向油缸

转向油缸油口连接方式为交叉连接,即左侧油缸无杆腔与右侧油缸有杆腔相通,左侧油缸有杆腔与右侧油缸无杆腔相通。

2. 液压回路分析

XG6101D 型振动压路机的整机液压系统图由四个相对独立的工作回路构成,分别为行走驱动回路、前轮振动回路、后轮振动回路和转向控制回路。

图 3-8 所示为行走驱动液压系统简图,也是比较有代表性的闭式液压系统原理图。发动机通过分动箱将动力传递给 11 行走驱动液压泵(双向变量泵)及其 10 补油泵(定量泵)。5 行走驱动泵总成有一套比例控制系统对双向变量泵进行排量和方向控制以实现压路机不同速度的前进和后退,比例控制系统的油液来自 10 补油泵。9 补油溢流阀的设定压力为2.2 MPa,17 冲洗溢流阀的设定压力为 1.8 MPa,行走驱动主系统的最高压力由 14、15 的溢

流阀设定,其设定压力为 40 MPa。当操作行走前进或后退时,16 冲洗阀的阀芯被高压回路端压力推动使其换向,使低压端回路和 17 冲洗溢流阀接通,由于 17 冲洗溢流阀的设定压力低于 9 补油溢流阀的设定压力,补油泵输出的新的油液将低压回路中的热油通过冲洗溢流阀源源不断地置换出来,流回液压油箱,从而起到散热和过滤清洗的作用。当负载过大,工作压力大于 14、15 的溢流阀设定压力时,系统溢流起到过载保护作用。当发动机或主要部件损坏不能正常工作时,需要把设备拖离现场时,此时操作 2 手动式旁通阀使 3、13 的行走马达进出油口接通,防止拖行时造成泵和马达的损坏。当给 4 制动电磁阀通电时,并经外接手动泵进行行走制动解除。

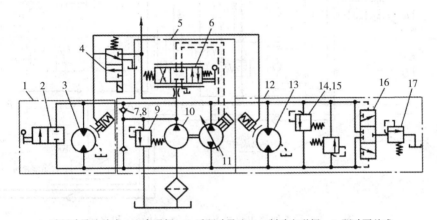

1—后驱动马达总成；2—旁通阀；3—后驱动马达；4—制动电磁阀；5—驱动泵总成；
6—伺服控制阀；7、8—补油单向阀；9—补油溢流阀；10—补油泵；11—驱动泵；
12—前驱动马达总成；13—前驱动马达；14、15—溢流阀；16—冲洗阀；17—冲洗溢流阀

图 3-8　XG6101D 型双钢轮振动压路机行走液压系统简图

(1)行走中位时,行走回路油液流动路线和方向

当发动机处于运转状态,未进行行走操作时,行走回路油液流动路线和方向如图 3-9 所示。行走泵斜盘倾角为“0”,排量为“0”。行走回路补油泵经吸油过滤器从油箱吸油,并把油液经补油阀(单向阀)输送至行走泵和行走马达相连的管道内,使管道内油液压力保持在补油溢流阀设定的压力范围内。多余的油液经过补油溢流阀溢流,通过液压油散热器回到液压油箱。行走制动电磁阀没有获得电力驱动,处于右位,前轮和后轮行走马达仍然处于制动状态。此时检测液压泵 A、B 口的油液压力应该是补油溢流阀的设定压力(2.2 MPa)。

(2)行走前进时,行走回路油液流动路线和方向

在发动机处于运转状态,把行走操作手柄(控制行走方向和速度高低)向前推到某一位置时,行走回路油液流动路线和方向如图 3-10 所示。行走操作手柄离开中位行走制动电磁阀即获得电力驱动左位工作,来自补油泵的压力油经行走制动电磁阀到达前轮和后轮行走马达制动油缸,解除行走制动。

手动比例控制阀右位工作,来自补油泵的压力油进入双向变量泵的变量油缸的左侧腔推动变量活塞向右移动,行走泵斜盘随变量活塞一起转动,倾角由“0”位变为正向某一角度位,双向变量泵“A”口出油,进入前轮和后轮行走马达的“A”口,驱动前轮和后轮行走马达输出轴旋转,马达输出轴的旋转通过行走减速机驱动前后钢轮实现前行。前轮和后轮行走

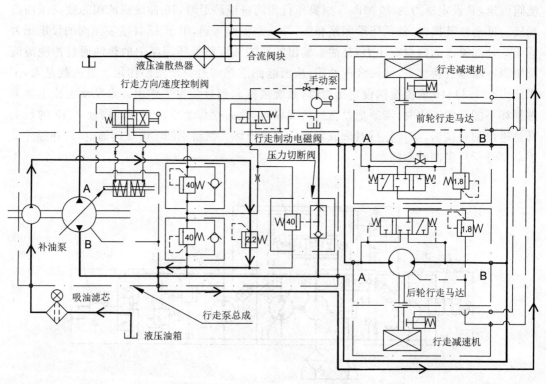

图 3 - 9　行走回路中位状态时,油液流动路线和方向

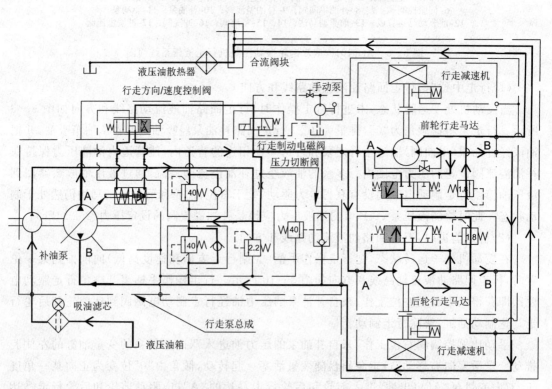

图 3 - 10　行走回路前进状态时,油液流动路线和方向

马达"B"口出油进入泵的吸油口——"B"口。

　　由于行走载荷的存在,此时前轮和后轮行走马达"A"口压力大于马达"B"口的压力。前轮和后轮行走马达的补油阀(三位三通液控换向阀)左位工作,来自补油泵的油液的压力低于泵"A"至马达"A"管路内的压力,液压泵"A"口端的补油单向阀关闭,液压泵"B"口端的补油单向阀开启。来自补油泵的压力油流经液压泵"B"口与液压马达"B"口之间的管道,经过冲洗阀到达冲洗溢流阀前端,由于补油阀的设定压力(2.2 MPa)大于冲洗溢流阀的设定压力(1.8 MPa),冲洗溢流阀打开,来自补油泵的油液除了用于控制、补充工作回路泄漏油液以外,所有多余的油液均经过冲洗阀和冲洗溢流阀通过散热以后回到液压油箱。

　　此时检测液压泵"B"口的油液压力应该是冲洗溢流阀的设定压力(1.8 MPa)。检测液压泵"A"口的油液压力应该是大于冲洗溢流阀的设定压力较多的某一压力值,这个压力值的高低取决于压路机行走载荷的大小。爬坡时大于平地行走,平地行走时大于下坡。

　　压路机行走速度快慢与操作手柄被推移的角度大小有关,推移的角度越大则行走速度越快,角度越小则速度越慢;行走速度可以在 0 与最大速度(9.3 km/h)之间任意调节。

　　(3)行走后退时,行走回路油液流动路线和方向

　　操作压路机行走后退时油液流动路线和方向请结合前进时情况进行分析和绘制。

　　(4)直线行走时,转向回路油液流动路线和方向

　　如让压路机直线行驶时,可让方向盘保持在中位,转向回路中油液流动路线和方向如图3-11 所示。转向泵从液压油箱吸油,泵出口油液经转向阀(器)中位卸荷通道直接回液压油箱。

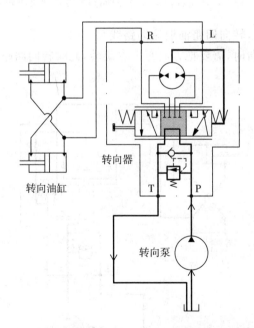

图 3-11　直线行走时,转向回路油液流动路线和方向

　　(5)行走向右转向时,转向回路油液流动路线和方向

　　如让压路机向右转向时,需要把方向盘向右旋转,转向回路中油液流动路线和方向如图3-12 所示。转向泵从液压油箱吸油,泵出口油液经转向阀(器)右位通道经计量马达后到

达左侧转向油缸大腔和右侧转向油缸小腔,左侧转向油缸活塞杆外伸、右侧转向油缸活塞杆回缩驱动前钢轮右转实现转向。方向盘转动的圈数(角度)越多则压路机向右转向角度越大,如果想让压路机恢复直线行驶则必须将方向盘反向转至中位。

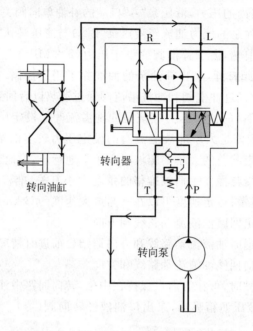

图 3-12 行走向右转向时,转向回路油液流动路线和方向

(6)行走向左转向时,转向回路油液流动路线和方向

如让压路机向左转向时,需要把方向盘向左旋转,此时转向回路中油液流动路线和方向如图 3-13 所示。

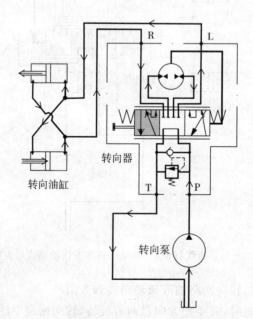

图 3-13 行走向左转向时,转向回路油液流动路线和方向

(7)转向泵不供油、向左转动方向盘时,转向回路油液流动路线和方向

当转向泵出现故障或发动机不能启动,需要将设备拖离现场时,需转动方向盘,使原计量马达变为"手动泵",向转向油缸供油实现转向功能。"手动泵"驱动转向油缸使机器向左转向时油液流动路线和方向如图 3 - 14 所示。

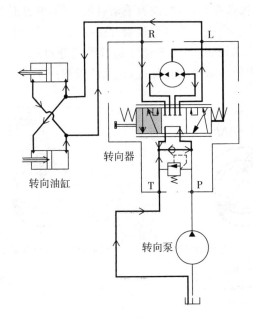

图 3 - 14　转向泵不供油、向左转向时,转向回路油液流动路线和方向

(8)振动液压回路工作原理分析

1)振动机构

振动压路机工作装置就是前后振动钢轮,普通全液压振动压路机的振动装置为单轴圆周激振器,通过改变振动装置的旋转方向改变振动轮的振幅,一般只有两种振幅和两个频率(如图 3 - 15 所示)。如果振动轴顺时针旋转时振动轮是大幅振动的话,振动轴逆时针旋转时振动轮则是小幅振动。因此,通过改变振动马达的旋转方向即可进行大振幅与小振幅的切换与选择。

（a）振动轮结构图　　　　（b）高振幅时偏心块位置　　　　（c）低振幅时偏心块位置

图 3 - 15　振动轮结构、偏心块位置

2)振动操作

根据不同的作业工况,双钢轮压路机可以进行不同的振动组合选择和启振方式选择:

①高振幅,前钢轮、后钢轮单轮振动,前后钢轮一起振动;②低振幅,前钢轮、后钢轮单轮振动,前后钢轮一起振动;③手动启振/自动启振。图3－16(a)为前钢轮、后钢轮振幅选择开关,左位为低幅高频档,右位为低幅高频档。图3－16(b)为前钢轮、后钢轮振动组合选择开关,左位为前钢轮振动,右位为后钢轮振动,中间位置为前钢轮、后钢轮同时振动。图3－16(c)为手动启振与自动启振选择开关,左位为手动启振位置,在此位置只要按压图3－16(d)中行走操作手柄顶端的手动启振开关机器就会开始振动;右位为自动启振位置,在此位置振动由压路机的行驶速度自动控制,当行走速度超过设定速度(2～3.5 km/h)时自动开始振动,反之振动自动停止,中间为振动停止位置,在此位置按压手动启振时机器也不会振动。

（a）前钢轮、后钢轮振幅选择开关　　　　（b）前钢轮、后钢轮振动组合选择开关

 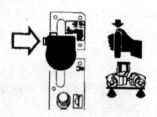

（c）手动启振与自动启振选择开关　　　　（d）手动启振开关

图3－16　振幅选择、振动组合选择及启振方式选择开关

3)前后钢轮同时振动时,振动回路油液流动情况

前后钢轮同时振动时,振动回路油液流动路线和流动方向如图3－17所示。

4)前钢轮单独振动时,振动回路油液流动情况

前钢轮单独振动时,振动回路油液流动流动路线和流动方向如图3－18所示。

(9)各液压回路关联性分析

XG6101D型振动压路机的整机液压系统图由四个相对独立的工作回路构成,它们为行走驱动回路、前轮振动回路、后轮振动回路和转向控制回路。除了转向控制回路是开式回路以外,其他三个工作回路均是闭式回路。转向控制回路除了与其他三个回路共用一个液压油箱以外,它是完全独立的回路。行走驱动回路与前轮振动回路、后轮振动回路共用一个合流阀块、液压油散热器和液压油箱。前轮振动回路与后轮振动回路共用一个补油泵,其他都是独立的。

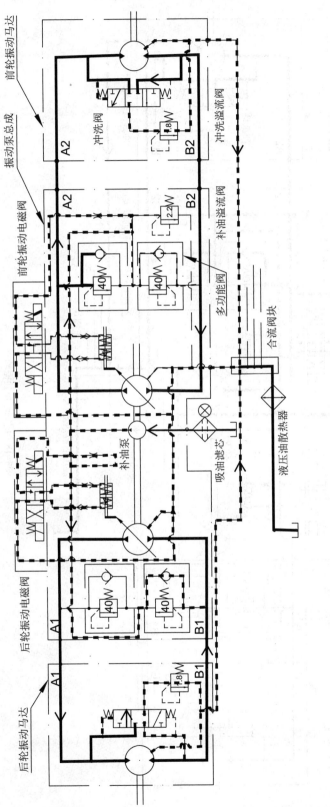

图3-17 前后钢轮同时振动

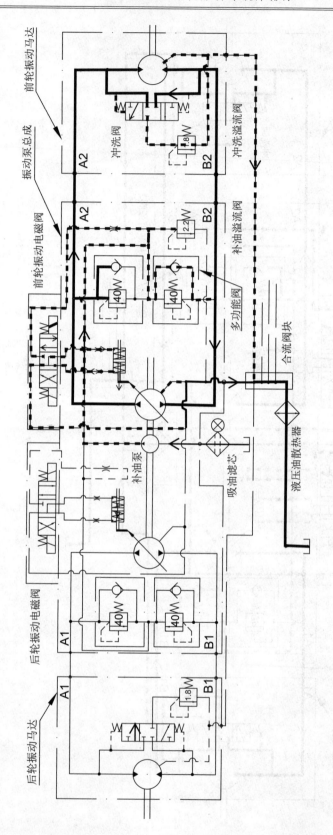

图3-18　前钢轮单独振动

四、液压元件外观及结构简图

液压元件外观及结构简图见图 3-19～图 3-22 所示。

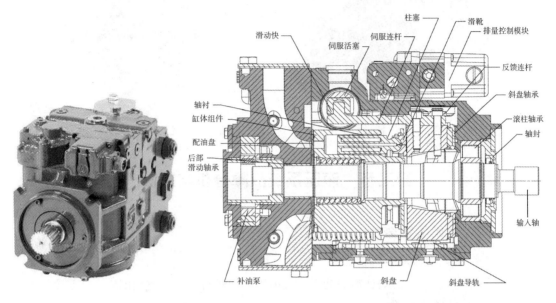

图 3-19 萨奥-丹佛斯 90 系列双向变量泵外观及结构简图

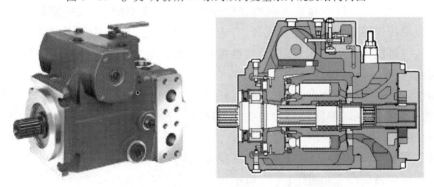

图 3-20 博世力士乐 A4VG 系列双向变量泵外观及结构简图

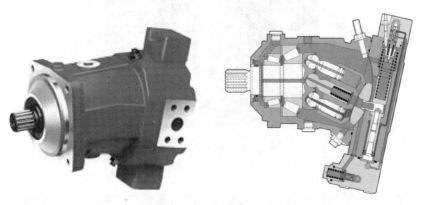

图 3-21 博世力士乐 A6VM 系列带冲洗阀斜轴式变量马达外观及结构简图

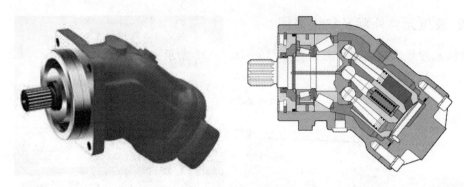

图 3-22　博世力士乐 A2F 系列斜轴式定量马达外观及结构简图

第二节　液压系统故障分析与排除

一、设备故障案例分析

1. 无法行驶,后钢轮打滑

故障现象:一台 XG6101D 型振动压路机施工完毕进行设备转场,出现异响后设备不能行驶,后钢轮出现打滑现象。

故障分析:XG6101D 型振动压路机发生异响后就出现不能行走、后钢轮打滑现象。后钢轮打滑说明行走驱动液压系统各元件(行走泵、行走马达、补油系统)均正常。前钢轮行走驱动减速机构可能出现制动未解除、机械性损伤卡死。此时行走回路的工作压力应该比正常工作时要高。

故障排除:(1)检测行走时前钢轮制动解除油口压力在正常范围内(1.6～1.8 MPa)。

(2)检查前钢轮制动解除油口管接头是否堵塞——没有堵塞。

(3)检测行走时前钢轮马达工作油口(A、B 油口)压力。

(4)拆下前轮行走马达检查减速机是否损坏,拆下马达后发现有大量铁屑,拆检减速机发现行星轮齿轮损坏严重(如图 3-23 所示),更换行走减速机后试车运行正常。

行星轮齿轮损坏

图 3-23　行星轮齿轮损坏

2. 双钢轮压路机前进正常、不能后退

故障现象:一台 XG6101D 型双钢轮振动压路机在施工过程中出现"前进正常、不能后退"的现象,其他性能都很正常。

　　故障分析:XG6101D型双钢轮振动压路机发生异响后就出现不能行走、后钢轮打滑现象。后钢轮打滑说明行走驱动液压系统各元件(行走泵、行走马达、补油系统)均正常。前钢轮行走驱动减速机构是否出现制动未解除、机械性损伤卡死的情况?

　　故障排除:(1)检测行走时前钢轮制动解除油口压力在正常范围内(1.6~1.8 MPa)。

　　(2)检查前钢轮制动解除油口管接头是否堵塞——没有堵塞。

　　(3)拆下前轮行走马达检查减速机是否损坏,拆下马达后发现有大量铁屑,拆检减速机发现行星轮齿轮损坏严重,更换行走减速机后试车运行正常。

第四章　单斗全液压挖掘机液压系统分析与故障排除

第一节　液压挖掘机液压系统工作原理分析

一、概述

挖掘机是进行土石方开挖的主要机械设备,各种类型的挖掘机主要工作机构和功能是相近的。单斗全液压挖掘机主要由工作装置、回转机构和行走机构三大部分组成。工作装置包括动臂、斗杆和铲斗,根据作业需要有时也会将铲斗换成其他形式的工作机构。本章主要以履带式、单斗反铲全液压挖掘机为例进行系统分析。在所有的工程机械当中,挖掘机液压系统是最复杂、最难理解掌握的液压系统。本章以川崎 K3V 系列泵及川崎 KMX15RA 主控阀负流量控制系统为例进行不同工作状态下挖掘机液压系统的分析和解读。

二、功能介绍

履带式、单斗反铲全液压挖掘机主要包括下列执行机构:动臂、斗杆、铲斗、回转机构、左侧行走机构和右侧行走机构。为了充分利用发动机的功率、降低能量消耗、提高作业性能,全液压挖掘机还增设了一些辅助控制功能,如发动机自动急速功能、直线行走功能、动臂/斗杆防沉降功能、动臂/斗杆合流功能、动臂/斗杆流量再生功能、行走双速控制功能、瞬时增力功能、中位负流量控制功能、液压泵恒功率变量控制功能以及变功率控制功能等。

1. 发动机自动急速功能

发动机自动急速功能是机电液综合控制功能,当控制器检测到所有的操纵手柄都处于空挡位置时,降低发动机转速,以减少油耗和降低噪音。如图 4-1 所示,挖掘机正常作业时,发动机运转速度较高。当控制器检测到所有的操纵手柄都在空挡位置一段时间以后(4~10 s),发出指令降低发动机转速到急速位置。

发动机自动急速功能的实现依赖于发动机油门电动控制方式以及操作手柄中位传感反馈方式。川崎 KMX15RA 主控阀(负流量控制)设有两路先导信号控制回路:工作装置及回转机构先导信

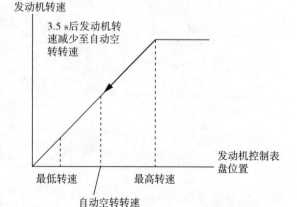

图 4-1　发动机自动急速

号回路、行走机构先导信号回路。控制器通过检测每个回路上压力开关的通、断状态来感知各信号回路先导压力高低,并据此判断操作手柄位置。

图 4-2(a)所示为所有操作手柄处于中位时,主控阀中所有的换向阀处于常态位(中位),压力信号回路(图中虚线并带有箭头)与油箱相通,Px、Py 压力开关断开,该状态被控制器检测到,控制器开始执行自动怠速指令。

图 4-2(b)、图 4-2(c)为压力开关 Px、Py 位置局部放大图。当操作工作装置、回转机构或行走机构任一动作时,控制器检测到对应的压力开关闭合信号[如图 4-2(d)所示],控制器发出发动机提速指令。

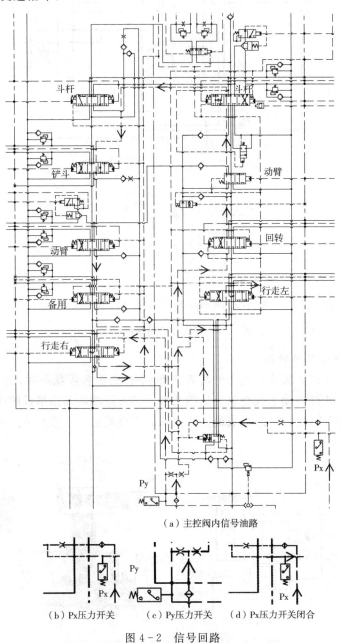

（a）主控阀内信号油路

（b）Px压力开关　　　（c）Py压力开关　　　（d）Px压力开关闭合

图 4-2　信号回路

2. 直线行走功能

　　直线行走功能指的是当同时操作左侧、右侧行走时，还同时操作了工作装置某一机构的某些动作如动臂提升等。此时主控阀内的直线行走阀阀芯左移，使得 P1 泵的油液供给动臂油缸大腔驱动动臂提升，P2 泵的油液同时供给左侧马达、行走马达和右侧行走马达，驱动机器直线行走。直线行走阀工作情况如图 4-3 所示，直线行走阀详细的部分内容如图 4-4 所示。

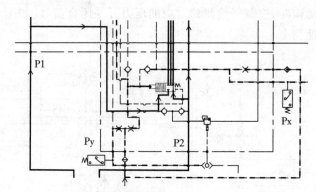

图 4-3　直线行走阀直线行走状态

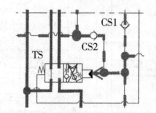

TS-直线行走阀；CS1-单向阀；CS2-单向阀

图 4-4　直线行走阀局部放大图

3. 动臂/斗杆防沉降功能

　　所谓的动臂/斗杆防沉降功能指的是当动臂/斗杆处于悬停状态时，为了防止因控制滑阀泄漏造成动臂/斗杆自动下沉现象发生的功能。防沉降功能是由增设的防沉降阀（有的厂家称其为抗漂移阀或保持阀）来完成的。防沉降阀实质就是一个液控单向阀，其工作原理如图 4-5 所示。

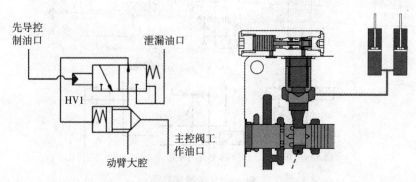

图 4-5　防沉降阀工作原理图及结构简图

4. 动臂/斗杆合流功能

动臂/斗杆合流功能是指通过主控阀的控制使两个主泵 P1 和 P2 同时给动臂或斗杆油缸供油,以提高其运行速度的供油方式称为动臂/斗杆合流功能。图4-6是以动臂提升合流为例。

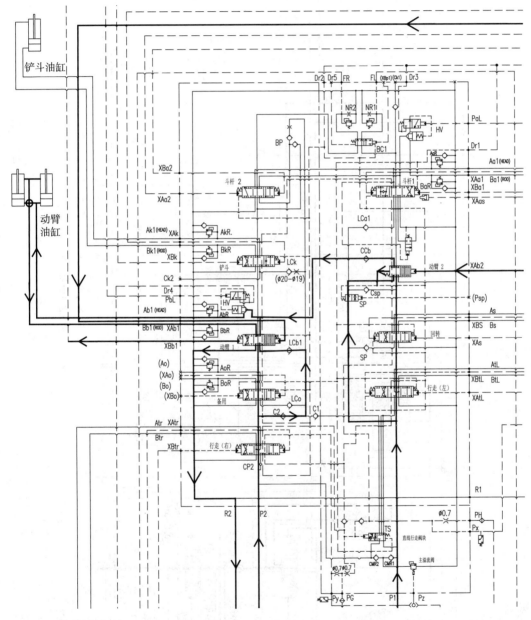

图4-6 动臂提升合流

5. 动臂/斗杆流量再生功能

动臂/斗杆流量再生功能指的是动臂/斗杆油缸在整个作业循环过程中,由于工作装置自身重量引起快速下降行程中,原驱动腔油液压力明显小于另一腔压力时,高压腔油液补充到低压驱动腔"增加"供油量,避免低压腔出现真空现象。斗杆油缸流量再生情况如图4-7所示。

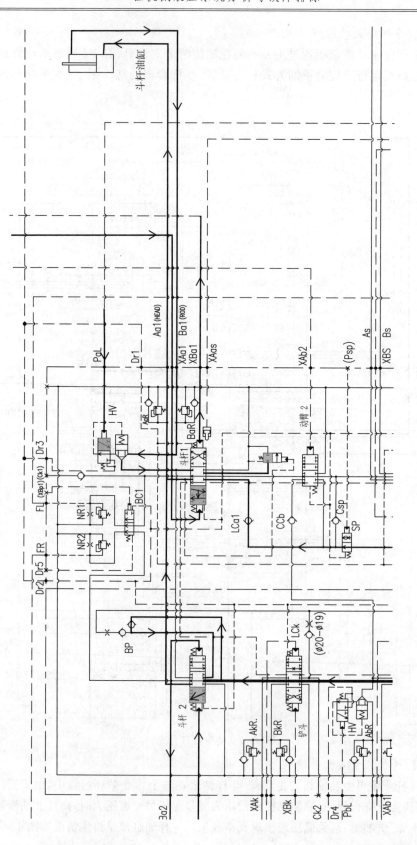

图4-7　斗杆油缸流量再生

6. 行走双速控制功能

当行走模式开关在慢速位置时,行走马达斜盘摆角在最大位置,行走速度为慢速。行走模式开关在快速位置时,行走电磁阀(DC2)得电将先导压力油输给行走马达斜盘角控制阀,将斜盘角减少到最小,以提高行走速度。行走马达速度变换控制原理如图4-8所示。

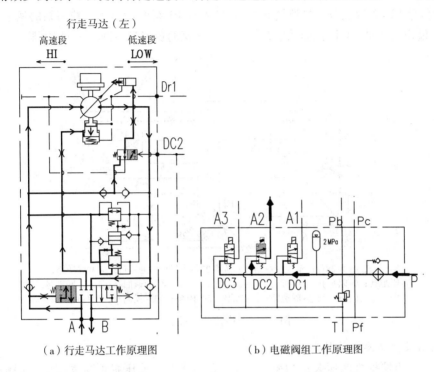

（a）行走马达工作原理图　　　　　（b）电磁阀组工作原理图

图4-8　行走马达速度变换控制原理图

7. 瞬时增力功能

瞬时增力功能是指通过临时增加溢流压力增加挖掘力。瞬时增力开关打开后8～10 s内,电磁阀(DC1)被激活将先导油压力传送到溢流阀,以加大溢流设定压力(31.4 MPa→34.3 MPa),瞬时增力原理如图4-9所示。

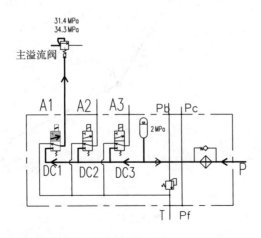

图4-9　瞬时增力功能原理图

8. 中位负流量控制功能

如图 4-10 所示,当所有操作手柄处于中位时,主控阀中的所有换向阀处于中位,由液压泵 P1(28)输出的工作油液通过中位旁通回路(21)、通道(3)、负流量控制阻尼孔(9)被导入到油箱通路(13)。工作油液通过负流量控制阻尼孔使通道(3)的压力上升。此压力便变成负流量控制压力信号 FL,并通过负流量控制通路(4)导入到 P1 泵的调节器。控制泵的调节器,减小 P1 泵(28)输出的流量,减小中位时的功率损失。P2 泵的负流量控制过程同 P1 泵。

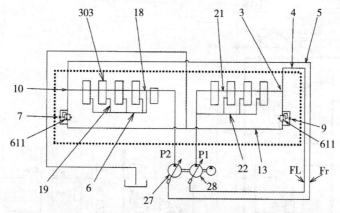

3-通道；4-泵28负流量控制通路FL；5-泵27负流量控制通路Fr；6-并联通路；
7-阻尼孔；9-阻尼孔；10-通道；13-油箱通路；18-中位旁通回路；19-并联支路；
21-中位旁通回路；22-并联通路；27-P2泵；28-P1泵；303-换向阀；611-低压溢流阀

图 4-10　中位负流量控制

9. 液压泵恒功率变量控制功能

图 4-11 为挖掘机液压泵恒功率变量 p-Q 曲线图。液压泵恒功率变量控制的基本理念就是当泵的输出压力 p 达到起调点之后,泵的输出油液流量 Q 大小随着输出压力的升高而下降,随着输出压力的降低而增大,基本保持 $p \times Q = K$(常数),对于双泵总功率恒功率变量控制来讲,式中的 $p = (p_1 + p_2)/2$,$Q = Q_1 + Q_2$。

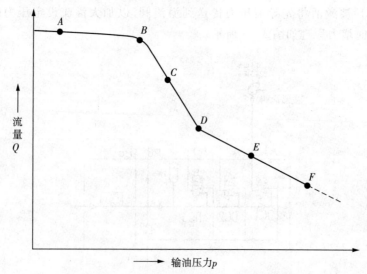

图 4-11　挖掘机液压泵 p-Q 曲线图

液压泵恒功率变量调节所实现的功能就是保证液压系统工作过程中泵的实际输出功率不会超出发动机的输入功率,并能充分利用发动机功率。当负载降低时,泵的排量变大,运行速度加快;当负载增高时,泵的排量变小,运行速度变慢,使泵的输出功率基本追随发动机功率保持不变。液压泵恒功率控制液压原理如图 4 - 12 所示。

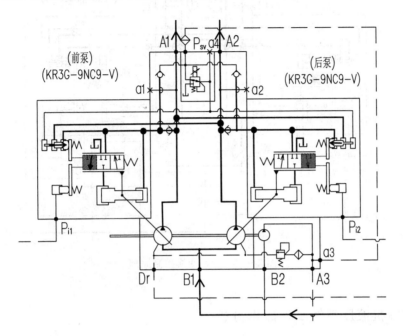

图 4 - 12　K3V 系列液压泵恒功率变量控制原理图

10. 功率变换控制功能

根据发动机因负荷变化而产生的转速变化控制泵流量,更有效地利用发动机的输出或者根据挖掘机作业模式的不同,设定不同的液压泵功率输出。功率变换控制曲线如图 4 - 13 所示,功率变换控制原理如图 4 - 14 所示。

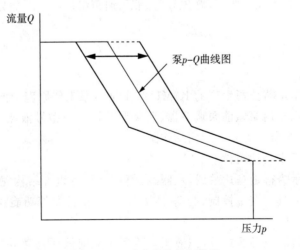

图 4 - 13　功率变换控制曲线

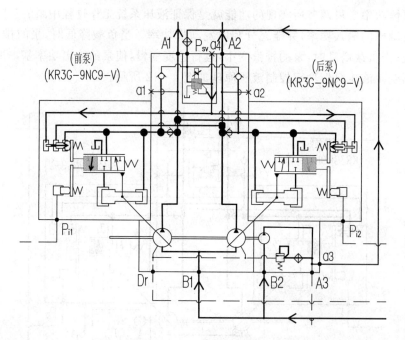

图 4 - 14　功率变换控制原理

三、挖掘机液压系统工作原理分析

柳工 CLG922E 型挖掘机的整机液压系统由先导控制系统和主工作系统两大部分组成。主工作系统由左侧行走驱动回路、右侧行走驱动回路、回转驱动回路、动臂工作回路、斗杆工作回路和铲斗工作回路共六个回路构成。系统由下列液压组件/元件组成：液压泵组件、左侧行走马达组件、右侧行走马达组件、回转马达组件、主控阀组件、动臂油缸、斗杆油缸、铲斗油缸、回油过滤器、液压油冷却器、中央回转接头、电磁阀组与辅助泵组件、合流/分流阀块（接头块）、左右手先导阀、脚踏先导阀、液压油箱组件等。下面分别介绍各液压组件/元件。

1. 液压组件/元件

（1）液压泵组件

图 4 - 15 为日本川崎公司生产的 K3V112DT 液压泵工作原理。该泵由四部分组成：先导泵组件、主泵（前泵＋后泵）、前泵调节器、后泵调节器。该型号液压泵主泵属于负流量控制变量类型，图 4 - 16 所示为泵的剖面结构图。

（2）左侧、右侧行走马达组件

如图 4 - 17 所示为行走马达总成，左侧、右侧行走马达组件结构完全相同，该液压马达属于双向液压马达并具有变量控制、制动、压力控制、平衡控制等功能。

（3）回转马达组件

图 4 - 18 为回转液压马达总成，该液压马达属于双向液压马达并具有制动、压力控制、低压补油、防反转控制等功能。

（4）主控阀组件

图 4 - 19 所示为川崎公司生产的型号为 KMX15RA 控制阀工作原理。该阀是与 K3V112DT 配套使用的负流量型控制阀，具有多个端口压力控制、动臂防沉降、斗杆防沉降、斗杆再生控制、直线行走控制、流量负反馈控制、中位旁通信号控制等功能。

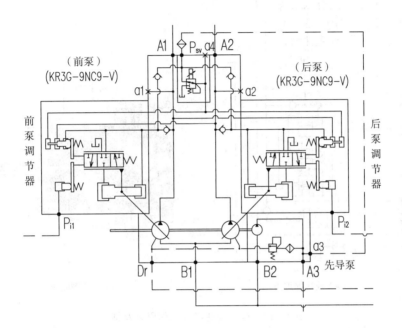

图 4 - 15　K3V112DT 液压泵工作原理

图 4 - 16　K3V112DT 液压泵剖面结构

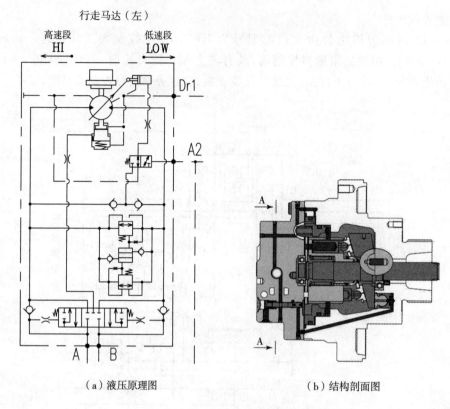

（a）液压原理图　　　　　　（b）结构剖面图

图 4-17　行走马达组件工作原理及结构

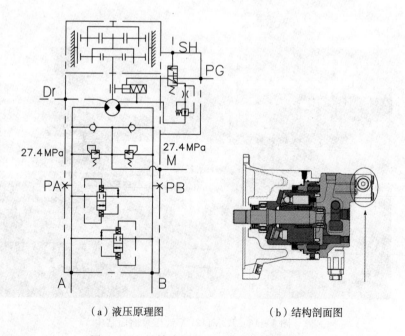

（a）液压原理图　　　　　　（b）结构剖面图

图 4-18　回转液压马达工作原理及结构

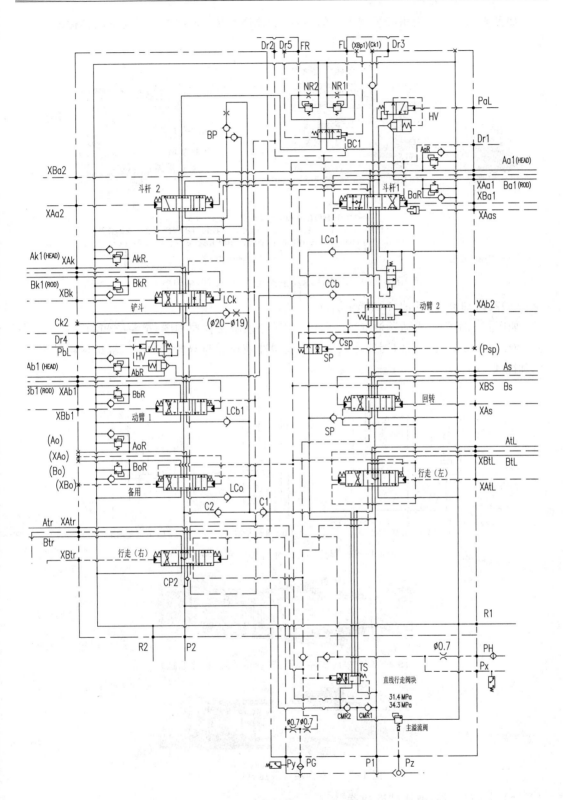

图 4-19　KMX15RA 主控阀工作原理

如图 4 - 20 所示为川崎公司生产的型号为 KMX15RA 控制阀外观与剖面结构图。

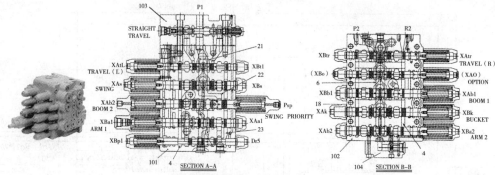

STRAIGHTTRAVEL-直线行走；TRAVEL（L）-左侧行走；
SWING-回转；BOOM 2-动臂2；ARM 1-斗杆1；TRAVEL（R）-右侧行走；
OPTION-备用；BOOM 1-动臂1；BUCKET-铲斗；ARM 2-斗杆2

（a）主控阀外观　　　　　　　　　　　　（b）剖面结构图

图 4 - 20　KMX15RA 主控阀外观与剖面结构图

（5）动臂油缸、斗杆油缸和铲斗油缸

如图 4 - 21 所示为动臂油缸、斗杆油缸和铲斗油缸工作原理图，铲斗缸和动臂缸为单向缓冲液压缸，斗杆缸为双向缓冲液压缸。单向缓冲液压缸与双向缓冲液压缸结构参见图 4 - 22 和图 4 - 23。

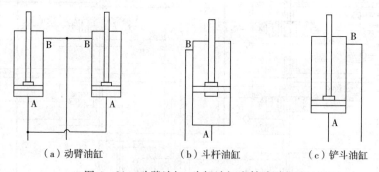

（a）动臂油缸　　　　　　　（b）斗杆油缸　　　　　　　（c）铲斗油缸

图 4 - 21　动臂油缸、斗杆油缸和铲斗油缸

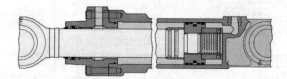

图 4 - 22　单向缓冲液压缸（动臂油缸、铲斗油缸）

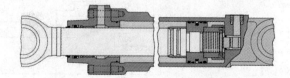

图 4 - 23　双向缓冲液压缸（斗杆油缸）

（6）回油过滤器、液压油冷却器

回油过滤器、液压油冷却器如图 4 - 24 所示，液压油回油过滤器、液压油冷却器均设有

旁通保护装置。回油滤芯的旁通保护装置是在滤芯堵塞时起到旁通保护作用的,而液压油冷却器的旁通保护装置则体现了设计者的智慧。液压油冷却器的内部液流通道很细密,当液压油温度较低时(此时不需要散热),则油液黏度较高,通过油冷却器时的液流阻力很大,低温时液压油大部分通过旁通单向阀 Ch1 流回油箱。当液压油温度较高(此时需要散热)时,则油液黏度较低,通过油冷却器时的液流阻力较小,高温时液压油大部分通过单向阀 Ch2 和油冷却器散热后再流回到油箱。

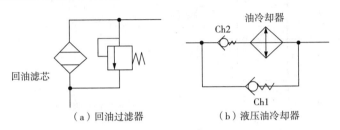

（a）回油过滤器　　　　　（b）液压油冷却器

图 4-24　回油过滤器、液压油冷却器

（7）中央回转接头

中央回转接头是挖掘机和起重机及上部带整周回转机构液压设备中一个重要的辅助元件,为滑动式多通道液压接头,因多被布置在设备的中央位置而得名。中央回转接头的通道数与下部机构液压件的进出油口数目相关,一般有多种通道数中央回转接头供选择。本系统应该为六通道中央回转接头:左侧行走马达 AB 油口通道、右侧行走马达 AB 油口通道、左右行走马达泄漏回油通道以及左右行走马达变量控制通道。图 4-25 所示为六通道中央回转接头液压原理图,图中

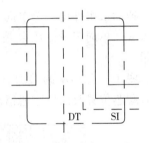

图 4-25　六通道中央回转接头原理图

DT 为回转通道,SI 为低压控制通道,图 4-26 所示为七通道中央回转接头结构图。

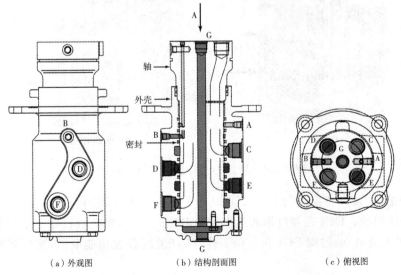

（a）外观图　　　　（b）结构剖面图　　　　（c）俯视图

A 口-备用;B 口-速度控制;C 口-左侧行走前进;D 口-右侧行走前进

E 口-左侧行走后退;F 口-右侧行走后退;G 口-马达泄漏回油

图 4-26　七通道中央回转接头原理与结构

(8)电磁阀组与辅助泵组件

图 4-27 所示为电磁阀组与辅助泵工作原理图。电磁阀组是由 DC1(主溢流阀增压)、DC2(行走马达变速控制)和 DC3(先导阀安全锁定)三个开关式电磁阀与蓄能器、单向阀、先导滤芯和一个低压溢流阀组成。

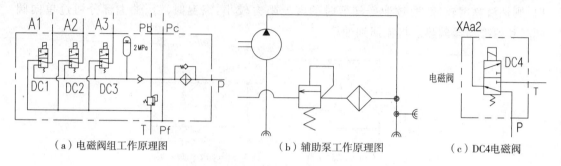

（a）电磁阀组工作原理图　　　　　（b）辅助泵工作原理图　　　（c）DC4电磁阀

图 4-27　电磁阀组与辅助泵工作原理图

辅助泵组件由一个单向定量液压泵(外啮合齿轮泵)、一个低压溢流阀和一个管路过滤器组成。单向定量液压泵是先导系统的动力源,低压溢流阀在先导系统中起溢流稳压的作用。

图 4-27(a)中的 DC1、DC2 和 DC3 三个电磁阀均是开关式电磁阀,电磁阀通电与未通电时阀芯位置及油口连通情况见图 4-28。

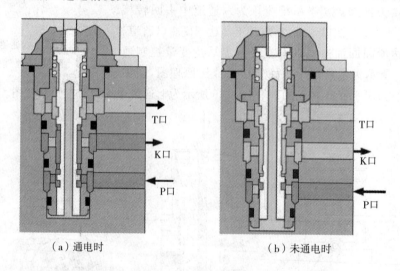

（a）通电时　　　　　　　　　　（b）未通电时

图 4-28　开关式电磁阀(DC_1、DC_2、DC_3)

电磁阀组是 DC1(主溢流阀增压)、DC2(行走马达变速控制)和 DC3(先导阀安全锁定)三个电磁阀的组合。DC4 是斗杆回收速度控制电磁阀,当需要挖掘机处于精细模式作业时给电磁阀 DC4 通电,电磁阀 DC4 在上位工作,斗杆油缸合流功能取消,这样就将会降低斗杆回收速度。

(9)合流/分流阀块(接头块)、左右手先导阀和脚踏先导阀

如图 4-29 所示为合流分流阀块(接头块)、左右手先导阀和脚踏先导阀工作原理。

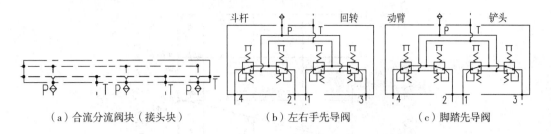

（a）合流分流阀块（接头块）　　　（b）左右手先导阀　　　（c）脚踏先导阀

图 4-29　合流分流阀块（接头块）、左右手先导阀和脚踏先导阀

合流分流阀块是将来自 DC3 电磁阀的一路先导压力油分为三路，分别供给左手先导阀、右手先导阀和脚踏先导阀，并将来自左手先导阀、右手先导阀和脚踏先导阀的回油进行合流，之后再流回液压油箱。

左手先导阀控制斗杆回收、伸出动作以及控制这些动作的快与慢，同时控制上部平台向左、向右回转动作及其快慢，动作快慢与先导阀输出压力高低有关。

右手先导阀控制动臂提升、下降动作以及控制这些动作的快与慢，同时控制铲斗挖掘、铲斗卸载动作及其快慢，动作快慢与先导阀输出压力高低有关。

左手、右手先导阀结构完全相同，图 4-30 所示为左手、右手先导阀结构及非操纵状态与操纵状态时油口连通情况示意图。当先导系统设定溢流压力为 4.0 MPa 时，左手、右手先导阀工作特性曲线，即输出压力（2 次先导压力）与操作手柄位置（角度）对应关系，如图 4-31所示。

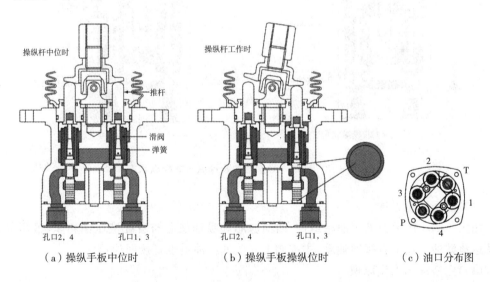

（a）操纵手板中位时　　　（b）操纵手板操纵位时　　　（c）油口分布图

图 4-30　左手、右手先导阀结构及操纵及非操纵状态与操纵状态时油口连通情况

脚踏先导阀分别控制左侧履带和右侧履带前进、后退动作及其快慢，动作快慢与先导阀输出压力高低有关。图 4-32 所示为脚踏先导阀结构及非操纵状态与操纵状态时油口连通情况示意图。当先导系统设定溢流压力为 4.0 MPa 时，脚踏先导阀工作特性曲线［即输出压力（2 次先导压力）与操作手柄位置（角度）对应关系］，如图 4-33 所示。

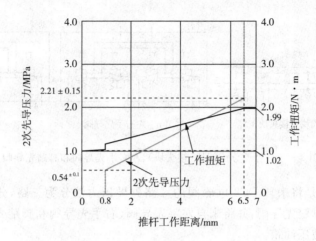

图 4-31　左手、右手先导阀工作特性曲线

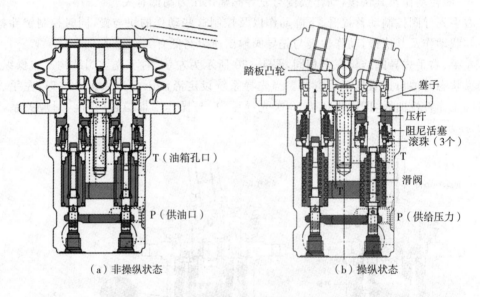

（a）非操纵状态　　　　　　　　　　　（b）操纵状态

图 4-32　脚踏先导阀结构及操纵与非操纵状态

（10）液压油箱组件

如图 4-34 所示为液压油箱组件,回油滤芯和吸油滤芯布置在液压油箱里,液压泵、液压马达泄漏油液通道直接回油箱,主控阀上一些低压油道也直接回油箱。

（11）主溢流阀工作原理

柳工 CLG922E 型挖掘机液压系统主溢流阀为两级设定压力溢流阀,一般情况下(非增压状态)压力为 31.4 MPa,当操作增压时为 34.3 MPa。其非增压与增压状态如图 4-35 所示。

溢流阀溢流过程详见图 4-36(a)(b)(c)。当外负荷逐渐增加,系统工作压力会达到主溢流阀的设定压力,此时主溢流阀的导阀打开开始前导性溢流,此时溢流量极少;油液流经节流孔形成压差,因此导阀溢流后形成明显的压力梯度,1 号区域高于 2 号区域,3 号区域高

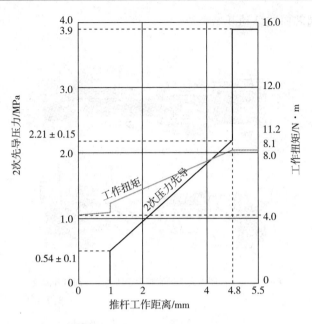

图 4-33　脚踏先导阀工作特性曲线

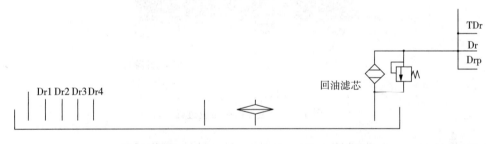

图 4-34　液压油箱

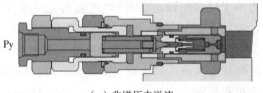

（a）非增压未溢流

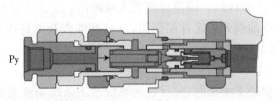

（b）增压未溢流

Py-增压油口

图 4-35　主溢流阀非增压与增压状态

于 1 号区域,主阀阀芯向左移动开始溢流。

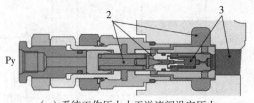

（a）系统工作压力小于溢流阀设定压力

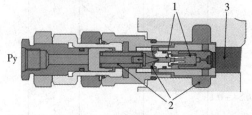

（b）系统工作压力大于溢流阀设定压力、导阀打开溢流

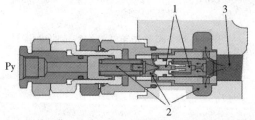

（c）系统工作压力大于溢流阀设定压力、主阀打开溢流

Py -增压油口

图 4 - 36　主溢流阀溢流过程

(12)端口过载补油阀(动臂油缸、斗杆油缸、铲斗油缸)工作原理

1)过载保护功能

当油缸端口油液压力小于过载阀设定压力时,过载阀处于关闭状态见图 4 - 37(a);当油缸端口油液压力大于过载阀设定压力时,过载阀处于开启状态,进行过载保护。由于过载阀设定压力高于主溢流阀的设定压力,正常工作过程中起过载保护作用的都是主溢流阀。只有当换向阀处于中位闭锁状态且液压缸出现过载时,端口过载补油阀才起过载保护作用。端口过载补油阀过载溢流过程见图 4 - 37(b)(c)。图 4 - 37(c)中压力梯度为 4 号区域高于 1 号区域、1 号区域高于 2 号区域。溢流原理同主溢流阀。当工作过程中出现端口压力小于回油油路压力时,过载补油阀开始起补油作用,过载补油阀补油过程见图 4 - 37(d),图中 2 号区域压力高于 4 号区域。

2. 液压系统分析

(1)当所有操作手柄处于中位时,先导控制系统及主系统油液流动路线和方向如彩图 1 所示。

(2)当操作动臂提升时,先导控制系统及主系统油液流动路线和方向如彩图 2 所示。

(3)操作动臂提升＋左右行走前进时,先导控制系统及主系统油液流动路线和方向如彩图 3 所示。

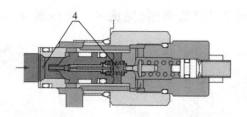

（a）正常工作时端口压力小于设定压力

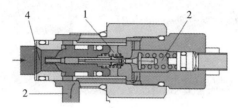

（b）达到设定压力及形成压差时端口压力大于设定压力、导阀打开溢流

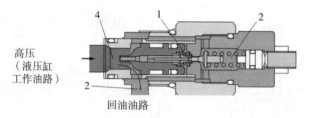

高压
（液压缸
工作油路）

回油油路

（c）液压油流回回油油路时端口压力大于设定压力、主阀打开溢流

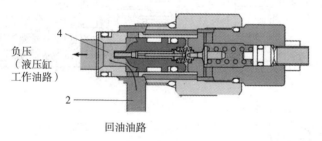

负压
（液压缸
工作油路）

回油油路

（d）端口压力小于回油压力时开始补油

图4-37　端口过载补油阀过载溢流过程

（4）操作动臂提升＋向右侧回转时，先导控制系统及主系统油液流动路线和方向彩图4所示。

（5）操作动臂下降时，先导控制系统及主系统油液流动路线和方向如彩图5所示。

（6）操作左右行走快速前进时，先导控制系统及主系统油液流动路线和方向如彩图6所示。

（7）操作斗杆回收（负荷较大）时，先导控制系统及主系统油液流动路线和方向如彩图7所示。

（8）操作斗杆回收（自重作用）时，先导控制系统及主系统油液流动路线和方向如彩图8所示，斗杆油缸流量再生功能开启请参见图4-7。

四、主要液压元件外观/结构图(见图4-38~图4-43)

图4-38 川崎K3V112DT液压泵

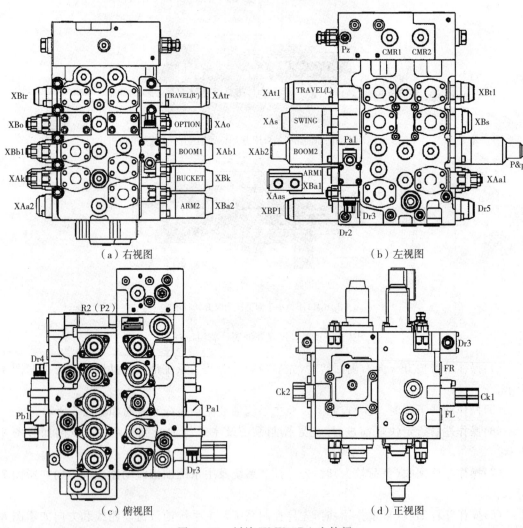

(a) 右视图

(b) 左视图

(c) 俯视图

(d) 正视图

图4-39 川崎KMX15RA主控阀

图4-40　回转马达+减速机

图4-41　行走马达+减速机

图4-42　脚踏先导阀

图4-43　左右手先导阀

第二节　液压系统故障分析与排除

一、液压元件故障与设备故障现象

由于多数挖掘机主液压系统采用的是双泵双回路系统,两个主泵要向六、七个执行元件提供驱动油液,为了提高作业效率,充分利用发动机功率、降低油耗,该液压系统必须具备某些动作双泵合流功能、某些动作优先功能、自动怠速信号控制功能、流量再生功能、直线行走功能、恒功率变量控制功能、变功率控制功能等,因此在所有工程机械当中挖掘机液压系统属于较为复杂的系统。

液压系统复杂了,当系统出现故障时,分析诊断难度也就提高了。只有对液压系统工作原理熟悉以后,才不会在挖掘机液压系统故障分析诊断与排除工作中手忙脚乱、不知所措。

液压系统故障诊断分析中正向分析法是基础,逆向分析是应用,最终逻辑(综合)分析才是真正的系统故障诊断分析过程。

二、正向分析

1. 执行元件

(1)铲斗油缸缸头密封损坏:铲斗油缸沿活塞杆有油液外漏现象,操作铲斗卸料时漏油现象明显严重,动作偏慢、无力。

(2)铲斗油缸活塞密封损坏:操作铲斗挖掘和卸料动作都偏慢、无力,没有明显的油液外漏现象,但是油缸有严重的内漏现象,操作铲斗挖掘和卸料至极限位置时,检测其工作压力,压力明显低于主溢流阀设定压力。

(3)动臂油缸活塞密封损坏:提起动臂后会有明显的动臂自动下沉现象,密封损坏越严重下沉速度越快,动臂载荷越大下沉速度越快;用工作装置撑起机体后,机体也会自动落下。

(4)回转马达内漏(缸体与配流盘、柱塞与柱塞孔):操作左右转向均会出现起步速度偏慢、停车时有明显漂移的现象,温度越高现象越明显。

(5)左侧行走马达内漏(缸体与配流盘、柱塞与柱塞孔):同时操作左右两侧前进或后退时,机器总是向左侧跑偏,单独操作左侧行走前进或后退时速度极慢甚至没有动作,油温越高现象越明显。

2. 控制元件(参看所附彩图1)

(1)主溢流阀设定压力偏低:不带较大载荷(空载)操作时出现速度没有明显的偏慢现象,当进行挖掘作业及装载作业时,铲斗挖掘速度、斗杆伸出速度、动臂提升速度、行走速度均明显偏慢无力,称为全车动作偏慢。

(2)主溢流阀内漏:不带较大载荷(空载)操作时速度明显的偏慢现象,当进行挖掘作业及装载作业时铲斗挖掘/卸载速度、斗杆伸出/回收速度、动臂提升速度、行走前进/后退速度均明显偏慢无力,温度越高现象越明显。

(3)动臂油缸大腔端口溢流阀内漏:只有动臂提升时速度偏慢,其他动作速度正常;提起动臂后会有明显的动臂自动下沉现象,用工作装置撑起机体后,机体不会自动落下。

(4)动臂油缸小腔端口溢流阀内漏:由于动臂下降时压力很低甚至会产生负压现象,因此动臂下降速度不会受到任何影响,只是在用工作装置撑起机体后,机体会自动落下。

(5)铲斗换向阀在中位卡死:操作铲斗挖掘和卸载时均没有动作。

(6)铲斗换向阀在右位卡死:发动机启动后会出现铲斗油缸活塞杆自动缩回(卸载)现象,操作铲斗挖掘时动作不会改变。

(7)铲斗换向阀在左位卡死:发动机启动后会出现铲斗油缸活塞杆自动伸出(挖掘)现象,操作铲斗卸载时动作不会改变。

(8)斗杆换向阀2在中位卡死:斗杆回收和伸出速度都明显偏慢(没有双泵合流),发动机自动怠速控制功能正常,检测P1泵出口压力正常,P2泵出口压力基本在3.5MPa左右。

(9)斗杆换向阀1在中位卡死:斗杆伸出速度明显偏慢(没有双泵合流),斗杆收回速度偏慢,发动机明显带载,发动机自动怠速控制功能失效,检测斗杆回收/伸出时P1泵出口压力在3.5MPa左右,检测斗杆伸出时P2泵出口压力正常,检测斗杆回收时P2泵出口压力明显偏高,高于正常工作时压力。

(10)先导溢流阀压力设定过低:操作所有动作时动作速度均偏慢(不能使阀杆彻底换位)。

(11)先导溢流阀内漏严重:操作所有动作时动作速度均偏慢(不能使阀杆彻底换位),随着温度升高,速度越来越慢。

(12)DC3 电磁阀在常态位卡死(或线圈损坏):全车无动作。

(13)先导阀(左手)压力油路堵塞/回油路堵塞:操作左/右回转无动作、操作斗杆回收/伸出无动作。

(14)先导阀(右手)压力油路堵塞/回油路堵塞:操作动臂提升/下降无动作、操作铲斗挖掘/卸载无动作。

(15)压力开关 Px 不能闭合:操作工作装置及左右回转动作时发动机自动怠速功能失效(不能自动提升至原来设定的转速位置)。

(16)压力开关 Px 不能断开:工作装置及左右回转动作时发动机自动怠速功能失效(不能自动降速至怠速位置)。

(17)压力开关 Py 不能闭合:操作左/右行走动作时发动机自动怠速功能失效(不操作工作装置动作时,不能自动提升至原来设定的转速位置)。

(18)压力开关 Py 不能断开:操作左/右行走动作时发动机自动怠速功能失效(不操作行走动作时,不能自动降速至怠速位置)。

3. 动力元件

(1)主泵 P1 内漏严重:左侧行走前进与后退动作慢、向左侧/右侧回转启动速度慢、动臂提升速度慢、斗杆回收/伸出速度慢,铲斗动作速度正常,温度越高现象越明显。

(2)主泵 P2 内漏严重:右侧行走前进与后退动作慢、铲斗挖掘/卸载速度慢、动臂提升速度慢、斗杆回收/伸出速度慢,回转动作速度正常,温度越高现象越明显。

(3)先导泵内漏严重:全车所有动作均偏慢或无动作。

4. 辅助元件

(1)吸油滤芯堵塞:全车动作偏慢、液压系统噪声偏大。

(2)液压油散热器散热通道堵塞:液压系统温升过快,液压系统油温偏高。

(3)蓄能器气囊无压力:先导液压系统压力波动较大、发动机熄火后如果动臂仍悬停在空中将无法放下来。

三、挖掘机液压系统实际故障案例

1. 挖掘机全车无动作

杭州西湖区朱先生的一台某品牌挖掘机出现全车无动作故障现象,该品牌售后服务人员赵先生前往处理,赵先生现场维修过程为:

(1)向设备操作人员了解故障发生前后相关情况。

(2)试车操作进行故障再现,故障现象如客户所言"全车无动作"。

(3)检查相关熔断器,所有熔断器均正常。

(4)释放先导系统压力和液压油箱压力。

(5)将量程为 0~6 MPa 的测压装置并联接入电磁阀组 K3 点。

(6)启动发动机将转速调至 2000 r/min,放下安全锁杆,压力表读数为"0"。

(7)释放先导系统压力和液压油箱压力。

(8)将另一量程为 0~6 MPa 的压力检测装置接入先导阀块 M 点。

(9)启动发动机将转速调至 2000 r/min,压力表读数为"4.0 MPa"。

(10)用万用表检测电磁阀组 DC3 电磁阀的电阻值为 50 Ω,正常。

(11)拆检 DC3 电磁阀的电磁阀芯,有明显卡滞现象。

(12)清理、清洗后无明显卡滞现象,安装试车。

(13)启动发动机将转速调至 2000 r/min,放下安全锁杆,K3 点压力表读数为"3.95 MPa"。

(14)试车,全车动作正常。

K3 与 M 测压点如图 4-44 所示,DC3 电磁阀结构如图 4-45 所示。图 4-44 中的 K3 点与图 4-45 中的 A1 口相对应。

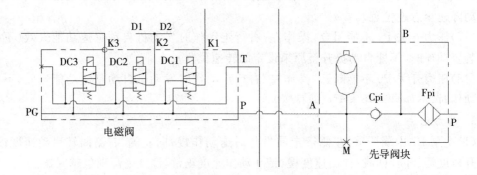

图 4-44　先导系统测压点位

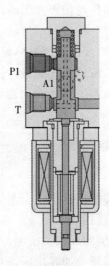

图 4-45　安全锁杆电磁阀结构

2. 挖掘机左右无回转

杭州市余杭区徐先生的一台某品牌挖掘机出现全车无动作故障现象,该品牌售后服务

人员朱先生前往处理,朱先生现场维修过程为:

(1)向设备操作人员了解故障发生前后相关情况。

(2)试车操作进行故障再现,除左右无回转外"全车动作正常"。

(3)试车时还发现:操作向左、向右回转时发动机自动怠速控制功能正常,发动机明显带载。

(4)释放先导系统压力和液压油箱压力。

(5)将量程为 0~6MPa 的测压装置分别并联接入回转马达 PG 油口和 SH 油口。

(6)启动发动机将转速调至 2000 r/min,放下安全锁杆,操作向左、向右回转时 PG 口压力表读数为"4.0 MPa",SH 口压力表读数为"3.5 MPa",压力均在正常范围之内。

(7)释放先导系统压力和液压油箱压力。

(8)拆检 SH 油口和 PG 油口接头体,发现 SH 油口接头体有异物堵塞。

(9)将 SH 油口接头体内异物取出,并拆下两套测压装置。

(10)启动发动机后试车正常。

回转马达液压制动回路及制动延时阀结构如图 4-46 所示。

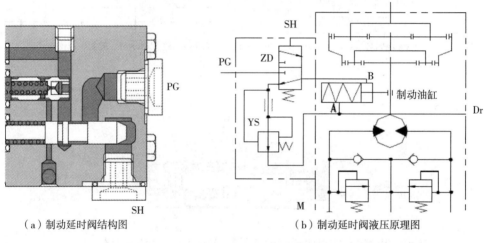

（a）制动延时阀结构图　　　　　　　　（b）制动延时阀液压原理图

图 4-46　回转马达局部结构与工作原理

3. 挖掘机斗杆回收速度偏慢、发动机明显带载

金华市杨先生的一台某品牌挖掘机出现斗杆回收速度偏慢、发动机明显带载故障现象,该品牌售后服务人员刘先生前往处理,刘先生现场维修过程为:

(1)向设备操作人员详细了解故障发生前后相关情况。

(2)试车操作进行故障再现,除斗杆回收速度偏慢、发动机明显带载外,其他动作均正常。

(3)释放先导系统压力和液压油箱压力。

(4)将量程为 0~6 MPa 的测压装置并联接入主控阀 Pa1 油口,将两套量程为 0~60 MPa 的测压装置分别接入主泵 a1 和 a2 测压点。

(5)启动发动机将转速调至 2000 r/min,放下安全锁杆,操作斗杆回收并读取各测压装置的压力值:Pa1 点压力为"3.8 MPa",a1 点压力为"18.5 MPa",a2 点压力为"18.8 MPa"。

(6)将工作装置放至地面,发动机熄火,释放先导系统压力和液压油箱压力。

(7)拆检 Pa1 油口接头体,接头体内部孔道通畅、光滑、清洁。

(8)拆检 Dr3 泄漏油液通道,油道通畅无阻塞。

(9)拆检 HV1 二位三通液控换向阀,阀芯卡滞严重,研修后阀芯能灵活换向。

(10)将 HV1 二位三通液控换向阀复位安装。

(11)启动发动机后试车,运行正常。

所述测压点位置见图 4-47(a)(b),HV1 阀中的二位三通液控换向阀结构见图 4-48,标号为 511 的阀芯卡死在标号 541 的阀套内。

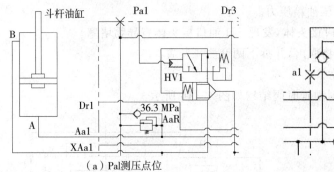
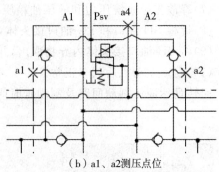

（a）Pa1测压点位　　　　　　（b）a1、a2测压点位

图 4-47　测压点位置

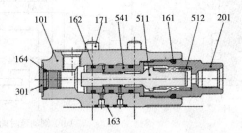

101-阀体;161-O形圈;162-O形圈;163-O形圈;164-O形圈;
171-内六角螺钉;201-旋入套;301-堵头;511-阀芯;512-弹簧;541-阀套

图 4-48　二位三通液控换向阀结构

4. 动臂提升速度缓慢

宁波市李先生的一台某品牌挖掘机出现动臂提升速度缓慢的故障现象,该品牌售后服务人员山先生前往处理,山先生现场维修过程为:

(1)向设备操作人员详细了解故障发生前后相关情况。

(2)试车操作进行故障再现,除斗动臂提升速度缓慢外其他动作均正常。

(3)将挖掘机工作装置放至地面后。

(4)释放先导系统压力和液压油箱压力。

(5)将两套量程为 0~60 MPa 的测压装置分别接入主泵 a1 和 a2 测压点。

(6)启动发动机将转速调至 2000 r/min,放下安全锁杆,操作动臂提升时,a1 点压力为"8.5 MPa",a2 点压力为"8.8 MPa"。

(7)将动臂提升至活塞杆全部伸出位置后,再次读取 a1 点压力为"12.5 MPa",a2 点压力为"12.8 MPa"。

(8)将工作装置放至地面,发动机熄火,释放先导系统压力和液压油箱压力。

(9)拆检主控阀上的动臂油缸大腔的端口溢流阀,发现导阀阀芯 611 磨损严重。

(10)更换新的且压力设定为标准压力(36.3 MPa)的端口溢流阀。

(11)启动发动机将转速调至 2000 r/min 后试车,运行正常。

端口溢流阀结构见图 4-49,图中标号为 611 的是导阀阀芯。

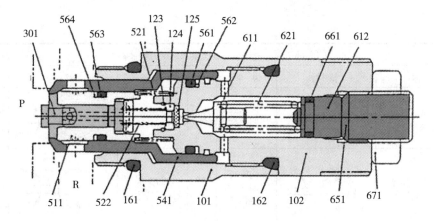

101-阀体；102-旋入套；123-O形圈；124-过滤件挡块；125-过滤件；161-O形圈；162-O形圈；
301-活塞；511-主阀芯；521-弹簧；522-弹簧；541-基座；561-O形圈；562-挡圈；563-O形圈；
564-挡圈；611-导阀阀芯；612-弹簧座；621-弹簧；651-调节螺钉；661-O形圈；671-锁紧螺母

图 4-49　端口溢流阀结构

附　表
常用液压图形符号(摘自 GB/T 786.1－1993)

(1) 液压泵、液压马达、能量源、压力转换器等						
名　称	符　号	说　明		名　称	符　号	说　明
液压泵	单向定量液压泵		单向旋转,单向流动,定排量	液压马达	单向定量液压马达	单向流动,单向旋转
	双向定量液压泵		双向旋转,双向流动,定排量		双向定量液压马达	双向流动,双向旋转,定排量
	单向变量液压泵		单向旋转,单向流动,变排量		单向变量液压马达	单向流动,单向旋转,变排量
	双向变量液压泵		双向旋转,双向流动,变排量		双向变量液压马达	双向流动,双向旋转,变排量
泵－马达	定量液压泵-马达		单向流动,单向旋转,定排量		摆动马达	双向摆动,定角度
	变量液压泵-马达		双向流动,双向旋转,变排量,外部泄油	压力转换器	气-液转换器	连续作用
	液压整体式传动装置		单向旋转,变排量泵,定排量马达		增压缸	单程作用

（续表）

名　称		符　号	说　明	名　称	符　号	说　明
单作用缸	单活塞杆缸		简化符号	双作用缸		详细符号
	单活塞杆缸（带弹簧复位）		简化符号	单活塞杆缸		简化符号
	柱塞缸		简化符号	双活塞杆缸		详细符号
	单作用伸缩缸		简化符号			简化符号
双作用缸	不可调单向缓冲缸		详细符号	蓄能器		一般符号
	可调单向缓冲缸		详细符号	气体隔离式蓄能器		—
	不可调双向缓冲缸		详细符号	重锤式蓄能器		—
	可调双向缓冲缸		详细符号	弹簧式蓄能器		—
	伸缩缸		伸缩缸	辅助气瓶		—
能量源	电动机	M	—	能量源	液压源	一般符号
	原动机	M	电动机除外		气压源	一般符号

（续表）

（2）机械控制装置和控制方法					
名　称	符　号	说　明	名　称	符　号	说　明
机械控制件 直线运动的杆		箭头可省略	机械控制方法 顶杆式		—
旋转运动的轴		箭头可省略	可变行程控制式		—
定位装置		—	弹簧控制式		—
人力控制方法 人力控制		一般符号	滚轮式		两个方向操作
按钮式		—	单向滚轮式		仅在一个方向上操作，箭头可省略
拉钮式		—	电气控制方法 单作用电磁铁		电气引线可省略，斜线也可向右下方
按-拉式		—	双作用电磁铁		—
手柄式		—	单作用可调电磁操作（比例电磁铁、力马达等）		—
单向踏板式		—	双作用可调电磁操作（力矩马达等）		—
双向踏板式		—	旋转运动电气控制装置	M	—

（续表）

名　称		符　号	说　明	名　称		符　号	说　明
先导压力控制方法	气-液先导加压控制		气压外部控制，液压内部控制，外部泄油	先导压力控制方法	液压先导卸压控制		内部压力控制，内部泄油
	液压二级先导加压控制		内部压力控制，内部泄油				外部压力控（带遥控泄放口）
	电-液先导控制		电磁铁控制，外部压力控制，外部泄油		液压先导加压控制		内部压力控制
	先导型压力控制阀		带压力调节弹簧，外部泄油，带遥控泄放口				外部压力控制

（3）压力控制阀

名　称		符　号	说　明	名　称		符　号	说　明
溢流阀	溢流阀		一般符号或直动型溢流阀	减压阀	减压阀		一般符号或直动型减压阀
	先导型溢流阀		—		先导型减压阀		—
	先导比例溢流阀		—		溢流减压阀		—
	卸荷溢流阀		P2＞P1时卸荷		定比减压阀		减压比1/3
	双向溢流阀		直动式，外部泄油		定差减压阀		—

名　称		符　号	说　明	名　称	符　号	说　明
顺序阀	顺序阀		一般符号或睦动型顺序阀	卸荷阀		一般符号或直动型卸荷阀
	先导型顺序阀		—	卸荷阀		一般符号或直动型卸荷阀
	单向顺序阀（平衡阀）		—	制动阀	双溢流制动阀	—

（4）方向控制阀

名　称		符　号	说　明	名　称	符　号	说　明
换向阀	二位二通电磁阀		常通	二位五通液动换向阀		—
	二位三通电磁换向阀		—	二位四通机动换向阀		—
	三位四通电磁换向阀		—	三位四通电磁比例换向阀		节流型，中位正遮盖
	三位四通电液换向阀		—	三位四通电磁比例换向阀		中位负遮盖
	三位四通电液阀		外控内泄（带手动应急控制装置）	四通电液伺服阀		二级
单向阀	单向阀		详细符号	双液控单向阀		又称"双向液压锁"
			简化符号			简化符号
	液控单向阀		简化符号	—	—	—

（续表）

<table>
<tr><th colspan="6">（5）流量控制阀</th></tr>
<tr><th>名　称</th><th>符　号</th><th>说　明</th><th>名　称</th><th>符　号</th><th>说　明</th></tr>
<tr><td rowspan="3">节流阀</td><td>不可调节流阀</td><td></td><td>简化符号</td><td rowspan="3">同步阀</td><td>分流阀</td><td></td><td>—</td></tr>
</table>

<table>
<tr><th rowspan="2">节流阀</th><td>不可调节流阀</td><td></td><td>简化符号</td><th rowspan="3">同步阀</th><td>分流阀</td><td></td><td>—</td></tr>
<tr><td>可调节流阀</td><td></td><td>简化符号</td><td>集流阀</td><td></td><td>—</td></tr>
<tr><td>单向节流阀</td><td></td><td>简化符号</td><td>分流集流阀</td><td></td><td>—</td></tr>
<tr><th rowspan="1">调速阀</th><td>调速阀</td><td></td><td>简化符号</td><th>调速阀</th><td>旁通型调速阀</td><td></td><td>简化符号</td></tr>
</table>

<table>
<tr><th colspan="6">（6）液压油箱、检测指示器、热交换器、开关元件、联轴器等</th></tr>
<tr><th>名　称</th><th>符　号</th><th>说　明</th><th>名　称</th><th>符　号</th><th>说　明</th></tr>
<tr><td rowspan="4">液压油箱</td><td>管端在液面上</td><td></td><td>—</td><td rowspan="4">过滤器</td><td>过滤器</td><td></td><td>一般符号</td></tr>
<tr><td>局部泄油或回油</td><td></td><td>—</td><td>带污染指示器的过滤器</td><td></td><td>—</td></tr>
<tr><td>加压油箱或密闭油箱</td><td></td><td>三条油路</td><td>磁性过滤器</td><td></td><td>—</td></tr>
<tr><td>管端在油箱底部</td><td></td><td>—</td><td>带旁通阀的过滤器</td><td></td><td>—</td></tr>
</table>

（续表）

名　称		符　号	说　明	名　称		符　号	说　明
检测指示器	压力指示器	⊗	—	检测指示器	转速仪		—
	压力表（计）		—		转矩仪		—
	液位计		—		流量计		—
	温度计		—		累计流量计		—
	温度传感器	t°	—		压力传感器	P	—
开关元件	压力开关（继电器）		—	热交换器	冷却器		一般符号
	压差开关		—		带冷却剂管路的冷却器		—
	行程开关		详细符号		加热器		一般符号
			一般符号		温度调节器		—
联轴器	联轴器		一般符号	联轴器	弹性联轴器		—

（续表）

		（7）管路、管路接口和接头				
名　称		符　号	说　明	名　称	符　号	说　明
管路	管路		压力管路，回油管路	交叉管路		两管路交叉不连接
	连接管路		两管路相交连接	柔性管路		—
	控制管路	- - - - -	可表示泄油管路	单向放气装置（测压接头）		—
快换接头	不带单向阀的快换接头		—	旋转接头	单通路旋转接头	—
	带单向阀的快换接头		—		三通路旋转接头	—

参 考 文 献

［1］朱烈舜. 公路工程机械液压与液力传动［M］. 北京:人民交通出版社,2007.

［2］朱烈舜. 公路工程机械液压系统故障排除［M］. 北京:人民交通出版社,2005.

［3］陈锦耀. 工程机械液压系统构造与维修［M］. 北京:化学工业出版社,2014.

［4］时彦林. 液压传动［M］. 北京:化学工业出版社,2014.